写给孩子的**博物笔记**

·自然·生命共同体

我飞南极找企鹅

保冬妮 著·绘·摄

全国优秀出版社

浙江少年儿童出版社

·杭州·

图书在版编目（CIP）数据

我飞南极找企鹅/保冬妮著、绘、摄. —杭州：
浙江少年儿童出版社，2023.1
　（写给孩子的博物笔记：人·自然·生命共同体）
ISBN 978-7-5597-2976-7

　Ⅰ.①我…　Ⅱ.①保…　Ⅲ.①企鹅目－少儿读物
Ⅳ.①Q959.7-49

中国版本图书馆CIP数据核字（2022）第138989号

责任编辑　张波虹
美术编辑　陈悦帆
责任校对　马艾琳
责任印制　孙　诚

写给孩子的博物笔记　人·自然·生命共同体

我飞南极找企鹅
WO FEI NANJI ZHAO QI'E

保冬妮　著·绘·摄

浙江少年儿童出版社出版发行
（杭州市天目山路40号）

浙江新华数码印务有限公司印刷　　全国各地新华书店经销
开本787mm×1092mm　1/16　印张10.375　字数116000
2023年1月第1版　　2023年1月第1次印刷

ISBN 978-7-5597-2976-7　　　定价　45.00元
（如有印装质量问题，影响阅读，请与购买书店或承印厂联系调换）
承印厂联系电话：0571-85155604

序言

周忠和

中国科学院院士
中国科普作家协会理事长

　　能够应邀为这套书写序，是我的荣幸。阅读书稿的过程本身就是一次次探索大自然的愉悦体验。

　　这是儿童文学作家写给孩子的一套旅行笔记，在国内并不多见。在这套书中，作家保冬妮走遍了地球的东南西北：乘坐游轮奔赴南极半岛，飞往斯瓦尔巴群岛坐科考船进入北极圈，穿越非洲，重走达尔文曾登陆过的加拉帕戈斯群岛……这一路风尘仆仆，却收获满满，让人羡慕不已。

　　此前，我并不认识作家保冬妮，但从她的文字、摄影作品和绘画中，我仿佛结识了一位对自然充满热爱、欣赏，对动植物怀抱友善、童心，带着小读者凝视自然、思考未来的作家。在这套书里，她拍摄了几百张美轮美奂的大自然照片，描绘了上百种野生动物。更难能可贵的是，她的作品并没有停留在旅行的浪漫情节上，而是把小读者带入人与自然、人与地球这个宏大的视野中，去思考自然与人类的命运、生命与地球的关系。这一点也让我充满了敬意。

合上这套书，我思绪万千。如果我们把时间的指针拨到50年、100年，甚至500年之后，如今书中的许多动物，比如北极熊、南极企鹅、非洲象、白犀牛……它们是否还存在呢？那被冰封雪冻的两极冰川是否还矗立着呢？人类是否会因为地球环境的恶化，已经移民到其他星球了呢？这并不是什么童话、科幻，而是一个关乎人类生存的严酷的现实话题。

带领孩子关注自然、探索自然、融入自然，思考人与自然的关系，是具有深远意义的。因为世界的平静不是常态，人类的发展与繁荣始终伴随着对自然的破坏，煤、石油等不可再生能源日益枯竭。我们不能让孩子停留在温馨又宁静的温室里，仅仅培育一株株美丽、柔弱却无法抵挡风雨的幼苗。

当今世界的发展到达了一个节点，地球已面临承载能力的巨大挑战。两极冰川的融化比历史上任何一个时期都要快、都要严重；物种的灭绝速度超过了其正常的自然灭绝速度；人类过度消费造成二氧化碳的巨大排放，全球气候持续变暖，增温速率创历史新高；海洋灾害频发，核污染危害海洋环境，海洋生物面临严重挑战；地球上的极端气候频繁出现；人类因自身发展需要，越来越多地侵占动植物的栖息地……以上种种现象

如果得不到改变，那么地球上的动植物都将面临灭顶之灾。

改变人类的行为和观念，是避免地球环境出现崩塌式恶化的有效举措，而这些应该早早地让孩子们了解。我们处在急速变化的世界中，地球的环境已不可能再回到从前，人类只有早做预案，与地球、自然结合成生命共同体，才能应对接下来一个又一个艰巨的挑战。为此，我们需要正确引导孩子们，进而锻炼、培养他们适应环境变化的思维和能力，找到智慧的解决方案。

中国最早的旅行笔记是由明朝的地理学家、旅行家徐霞客所作。他用双脚"走"出的《徐霞客游记》是系统考察中国地质地貌的开山之作。15世纪，随着"大航海时代"的到来，欧洲的探险家、博物学家与航海家用日记、图画的形式记录了他们在欧洲以外探索新大陆时的发现和感想。其中，达尔文的自然笔记更是为科学史画上了浓墨重彩的一笔。

今天的孩子同样可以拿起笔，记录身边大自然的变化，发现其中的奥秘和神奇，进而关注、思考环境保护与可持续发展问题。相信这套书能引导孩子们走上探索自然、发现地球之美的道路。

南极，一个冷峭、充满魅力的冰雪奇幻之地。万籁俱寂时，连一粒雪飘落的声音都能听到；喧哗热闹时，冰川融化的滴水声，企鹅求偶的歌声，棕贼鸥和巨鹱扇动翅膀的声音，鲸鱼跃出海面时喷气和搅动海水的声音，交织成独一无二的生命交响曲。

很多人都喜欢企鹅，我也一样。这种憨态可掬的鸟类的存在，让这个世界变得更加柔软、美好。

为找企鹅，找几十万只企鹅，我去了企鹅的故乡——南极洲。

这是一个全年被冰雪覆盖的银色世界，面积有1405.1万平方千米，平均海拔2350米，极夜时可达-89.2℃，风力极强。

让我没想到的是，这样一个冰川堆积的地方，年平均降水量竟然只有几十毫米，比撒哈拉沙漠的年平均降水量都少，是世界上最大的荒漠。

几百年前，南极大陆还未曾被人涉足。那是一片没有人类、没有食物、没有住所、没有燃料，也没有液态水的地方，类似于外星球的大陆。因为它是最晚被人类发现的大陆，所以被称为"第七大陆"。

这次，就让我带领大家开始一场极致、纯粹、天然、宁静的南极之旅吧！

快来看我拍到了什么！

我跨过山和大海，

只为一睹你的绅士风采 ▶ ▶ ▶

01

到世界尽头去看鸥

▲ 乌斯怀亚港口

北半球的一个冬天，我从北京首都机场起飞，坐了30个小时的飞机，到达了阿根廷首都布宜诺斯艾利斯。休息一天后，我飞达乌斯怀亚，从这里登上了开往南极的船。乌斯怀亚，被称为"世界的尽头"。

世界的尽头并非孤寂与绝望，而是充满生机。现在已经约有7万人在这里居住，山坡上的房屋越来越多，也越建越漂亮，乌斯怀亚俨然成了一座新兴的城市。

一下飞机，我几乎不能直视天空。一切都清澈透明得太刺眼了，蓝色的大海和天空美好得让人感觉有些不真实。环望四周，梦幻般的雪山与棉花糖似的云朵遥相呼应，湛蓝的海水与帆船的倒

影交织相映，宛如一幅油画。伸出手指在眼前晃动一下，我确认自己不是在梦里。

南半球夏天那短暂的阳光，毫不吝啬地照耀着乌斯怀亚。在海滨的滩涂上，豚鸥、黑背鸥、南美黑蛎鹬、冠鸭、夜鹭、岩鸬鹚正忙着找寻食物，暗腹抖尾地雀则四处溜达，悠闲地从我脚边走过，红头美洲鹫、巨䴙、叫隼在海天之上翱翔着。我沉醉在一片祥和中，不能自拔。

最先映入眼帘的是在海岸栈桥下的豚鸥，它那鲜红色的腿、喙和眼圈一下子就把我的视线吸引了过去，尽管黑背鸥就在它身后，但我选择了视而不见。

豚鸥属鸟类，分布于北美洲、中美洲和南美洲，在全世界有5种，包括弗氏鸥、灰鸥、豚鸥、笑鸥和岩鸥。除了岩鸥是易危物种，其他都因数量庞大而被认定为无危。

豚鸥又叫海豚鸥，生活在智利、阿根廷南部、南极半岛海岸以及马尔维纳斯群岛。它们在繁殖期的时候，头部的羽毛是黑色或灰色的，非繁殖期时就换成白色；腹部的羽毛呈灰色或白色；飞羽呈灰色。年轻的豚鸥多在浅滩边，和黑背鸥混在一起。豚鸥

▲ 乌斯怀亚的豚鸥

▲ 在乌斯怀亚滩涂觅食的豚鸥和黑背鸥

的食物具有多样性，贝类、蚌类、小蟹、小鱼以及动物的尸体等都是它们的食物。12月是豚鸥繁殖的季节，那些到了繁殖年龄的豚鸥忙碌地飞来飞去，为未来的鸟宝宝做准备。

黑背鸥生活在新西兰、澳洲南部、非洲南部、南美洲和其他亚南极岛屿等。它的羽毛洁白，从头颅到身躯都是白色的，只有翼背是黑色的，因而得名。成年的黑背鸥眼圈是红色的，喙是黄色的，在喙的顶端点缀着非常鲜艳的红色，就像叼着一颗红樱桃似的。而未成年的黑背鸥，它们的羽色与成年黑背鸥完全不同，为了躲避天敌的袭击，它们选择与海滩、大地的颜色保持一致，所以白色的羽毛布满褐色斑点，显得比它们的父母更老成。

黑背鸥看上去温文尔雅，实际上却异常凶猛，它们经常从企鹅嘴里抢食物，甚至会趁白鞘嘴鸥的父母不注意，吃掉人家的小宝宝。更让人不可思议的是，如遇食物短缺，它们甚至会吃掉自己下的蛋或已经孵出的幼鸟。

当然，这样凶猛的鸥，一定是强壮的。由于它们一生都在海上漂泊，体力消耗非常大，所以它们学会了御风而翔，最多可以几个小时不扇动翅膀，堪称"滑翔健将"。日行千里、绕极地飞行，对它们来说都不是什么难事。

南美黑蛎鹬是南美洲特有的鸻形目、蛎鹬科的鸟类动物，它们的红眼睛和橘红色的长长的喙与南美洲人的热情相呼应，头部、喉部、面颊是纯黑色的，就像被蒙面了一样，从颈背开始慢慢变成了深褐色，粉红色的长腿适合涉水。

▲ 拥有长喙的南美黑蛎鹬　　　　▲ 南美黑蛎鹬的生活环境

相对鸥来说，南美黑蛎鹬喜欢安静，不喜欢呼朋唤友，经常独自或成对活动，没有什么攻击性，属于不招灾、不惹祸的温和派。我看它们在海滩上走来走去地觅食，寻找着软体动物、甲壳类动物，倒也自得其乐。

当然，南美黑蛎鹬要是跑起来，也可以跑得很快。虽然它们不像鸥鸟那么喜爱天空，但也属于飞行能力很强的鸟类。一旦到了繁殖的季节，它们就在海滨砂砾中筑造穴状巢，每窝产2—4枚卵，夫妻轮流孵卵。

◀ 南极冠鸭

冠鸭是雁形目鸭科动物，它们仅分布在南美洲。冠鸭看上去很温和，总是很勤奋地用自己小铲子一样的喙不停地挖掘浅海滩涂里的藻类。它们主要以植物为食，但也吃无脊椎动物。成年冠鸭有红色的眼圈、黑色的喙，初级飞羽（附着于鸟翼末端节的飞羽，用来控制方向）的末端有一抹不易被人察觉的草绿色，胸部羽毛近乎金色，配上褐色大理石颜色的羽毛倒也相得益彰。

冠鸭很爱干净，在脏兮兮的滩涂上吃饱后，就会跑到远处去洗澡。它们时而戏水，时而清洗着身上的羽毛。11月对冠鸭来说，是非常悠闲的季节，因为它们要到来年8月才会开始繁殖。冠鸭不是迁徙的鸟类，所以它们常年栖息在水边的沼泽地带。

沼泽浅滩上慢慢走来了一只红眼睛的美洲夜鹭，它眼神专注，旁无他物。美洲夜鹭是夜鹭的美洲亚种之一，属于中型涉禽。它那长长的冠羽像是一根小辫子耷拉在大覆羽上。在太阳的照耀下，它的额、头顶、枕、羽冠、后颈、肩和背时不时闪耀着绿黑色的金属光泽，非常好看；腹部因一身暗灰色而倍显高贵低调的气质。

▼ 乌斯怀亚浅滩上的夜鹭

▲ 拥有鲜红色腿和喙的豚鸥

？ 城市与野生动物

　　对来南极洲探险和考察的人而言，乌斯怀亚是一个理想的起航和补给基地，是世界上最南的民居点；对于很多野生动物来说，这里是它们理想的家园，它们可以自由自在地与人类共同生活。

02

乘风破浪的姐姐

在乌斯怀亚，我们登上了庞洛游轮"星辉号"。船在下午6点起航，那一刻，夕阳的余晖把天上的云朵映衬得犹如炉膛里的火焰，被点燃的还有我初次探访南极的好奇心和期望。这一次，我又名副其实地成了"乘风破浪的姐姐"。

"星辉号"离开港口，滑入了比格尔水道，那一抹彩霞渐渐没入海中，失了光泽的云朵变得厚重起来，仿佛压在海

▼ 等待出发的"星辉号"游轮

面上的大铅砣。此时的我判断，明天航海日的天气不一定阳光灿烂。

南极旅行始终存在不确定的因素，具有一定的危险性。我们不仅要克服南极恶劣的环境和低温困难，也要提防大量的冰河区和大片冰原下隐藏的危险，还要注意无处不在的薄冰覆盖的冰洞、冰缝中的未知陷阱。

我在登上船的那一刻，就把自己交给了命运。因为在南极洲，一切都可能不按计划进行，天气瞬息万变，我不知道自己会遇到什么，正是这不可预测，让旅行多了一丝冒险的意味。

第一程，我们需要经历 40 多个小时的迎风劈浪，才能抵达南极半岛附近的马尔维纳斯群岛。此次同行的有科考家、航海家、探险家、摄影师、动物学专家，还有我这个全船唯一的儿童文学作家。

要学习的内容有很多，我们先来认识一下我的伙伴们：沉稳少语的雷米·热约瓦（Remi Genevaz），他是我们的船长；帅气精干、年轻活泼，但严守规则的雅恩·拉希德（Yann Rashid），他是我们的探险队长；来自俄罗斯的德米特里·基谢廖夫（Dmitri Kiselev），他是极地历史学家，也是船上的中文翻译，中文名字叫金马。他在中国生活过一段时间，曾打趣说，因为有中国女友一起生活，所以

▼ 展翅翱翔的海上巨鹱

▲ 我的航海日记

中文才这么好。

记忆深刻的，还有一到吃饭时间就呼唤我们"白粥白粥"的餐厅经理凯文（Kevin）。其他各部门工程师、医生、酒店经理、首席管家在岗位上默默地工作，有时会微笑着与我们打招呼。

为了方便100人的整体行动，大家被分配到了由南极动物命名的各小队中。我与来自各行各业的热爱动物的队友们为伍，被编入了海燕队，由长臂猿专家、自然摄影师赵超带队。大家首先要学习的就是如何穿救生衣、如何把物品放在正确的区域，熟悉整条船的每一处环境，学会听警报鸣笛，知道一旦有警报响起先去往哪里。

接下来的12天，"星辉号"就是我们的"移动大陆"。在这块有限的"移动大陆"上，一切都应有尽有。餐厅、图书馆、影院、精品店、健身房、水疗护理中心、影像工作室……船上还可以买到无线网络，但是全船人都使用时，信号的强度可想而知。

没有网络，对我来说不受影响。旅行是一件让我特别着迷的事情。观赏、体验、思考、觉察……一路的偶遇，一路的相逢，一路的告别，好像经历了一个又一个不同的人生。

人生是仅有一次的单程旅行，我们每个人手里攥着的就是一张有来无返的单程票。在这样有限的时间里，去往更远的地方，欣赏更多的风景，遇见最美的生灵，是我的小目标。拿着手上的这张单程票抵达终点的那一天，发现自己的每一个小目标都实现了，我才会觉得此次人生的旅行没有遗憾。

自然思考

自然探索与旅游，
你愿意选择哪一个

　　自然探索是由博物学家、生物学家、动物学家、鸟类专家、环境科学专业的年轻学者领衔带队，以了解博物常识，考察自然，观察动植物为目的的行程；而平时所说的旅游只是浏览风光、品尝美食、愉悦身心。两种旅行的目的不同，没有好坏，只是看你需要什么。

▼ 我在船舱里整理笔记和资料

03

航海日的地理课与生态课

▲ 旅途中兴奋的我

我的航海日就这样开始了。

11月29日早上，海面温度已经降到2℃。凌晨4点，我来到前甲板时，浅灰色的天空被厚厚的云层压得不见一点光亮，黑沉沉的大海上，一只鸟儿没有。昨晚一定是下了雨，结了薄冰的甲板上湿滑得几乎无法行走，我赶紧跑回了屋里。

29日这一天是我们的航海日，也就是说游轮不会靠岸，一整天我们都在大海上航行。这一次，我们要去往马尔维纳斯群岛。大概在30日的早上，我们就会到达西点岛和遗迹谷做登岛探索。

吃过早饭，有一天的课在等待着我。先是探险队长雅恩的南极探险说明会，然后是探险家、极地历史学家金马向大

家介绍南极的相关知识，并宣布非常重要的登陆安全事项。

　　南极旅行船大致分为三类：C1可容纳13—200位乘客；C2可容纳201—500位乘客；CR可容纳500位以上乘客，但只能巡航，不能靠岸。

　　我们的游轮属于C1类，它是一艘非常新的、装有减震设备的豪华游轮，可以对付南极特有的海浪。南极的风威力无穷，德雷克海峡的风暴厉害程度更是出了名的，"星辉号"的减震设备可以使船体更好地保持平衡，避免船员因晕船而产生不适感。

　　我们的探险活动最重要的一点就是尽可能地保证安全。探险活动能否开展取决于当时的气候、海冰、海浪等情况是否良好，任何活动都可能在即将开始的前一分钟被取消。浮冰多，活动被取消；风浪大，活动被取消。

　　所有人必须严格遵守公约。登陆前不仅要采取多层穿衣策略，以备天气变化时穿脱方便，还要对登陆时穿的衣服、裤子、靴子、

▼ 岛上的美丽风光

帽子进行全面消毒，返回时也要消毒；每个人登陆前必须预估自己的体力，量力而行。登陆时，全程禁止吸烟。登陆后必须听从探险队员的指挥，因为只有他们可以保证大家的安全。如遇冰川，大家要安全慢行；如遇红色、绿色、蓝色烟雾，那是科学家们正在进行科研，大家要保持安静；如遇两面旗帜交叉摆放，表明前面的路不可以走，大家要返回。

另外，在岛上行走，需要避免踩踏任何植物；为了安全，夏季融雪时不能在小湖中穿行；不能移动任何东西，包括石头、树枝、动物残骸等；不能带任何食品登陆食用；尽量不在登陆时上厕所，如实在需要，必须把排泄物全部带回船上，因为不能让外来物影响岛上的原生态；不能在岛上的任何地方留下文字、图画、涂鸦等人为痕迹；不能带入任何东西，也不能带走任何东西，包括羽毛、石头、植物、种子等；绝对禁止触摸动物，也不能打扰它们，与海狗、海狮至少保持 15 米距

◀ 马尔维纳斯群岛上的斑胁草雁

离，由于夏季雄海狗爱打架，必须离得更远；与企鹅保持 5 米以上距离，企鹅可以接近你，但你不可以接近企鹅；如遇动物攻击，双手举向空中，慢慢离开，有的陆地上有避难小屋，可以在遇到危险的时候进去躲避。

听着这么多的规定和注意事项，面对即将开始的南极探险，我似乎有了更真切的感受，那就是危险和奇景并存，意外随时都有可能发生。

下午 2 点的地理讲座安排在第四层的剧场里，由自然学家戴尔斯·埃文斯（Dales Evans）为我们介绍第二天一早要登陆的马尔维纳斯群岛。

▲ 被美丽风景吸引的我

马尔维纳斯群岛不在《南极条约》的限制范围内，整个群岛包括索莱达岛、大马尔维纳岛，以及附近的其他小岛，总面积约 12200 平方千米。

戴尔斯说，马尔维纳斯群岛从地质学上来讲，属于古非洲大陆的一部分。由于大陆板块的漂移，马尔维纳斯群岛现在处在阿根廷南部海岸以东约 500 千米、南纬 52° 左右的海域。

马尔维纳斯群岛的植物，尤其是树木，全是外来引进的，因为

我是你们永远看不见的
南极狼

我可是很重要的

当地气候恶劣，并不生长植物。原本南极狼是马尔维纳斯群岛上唯一的陆栖哺乳动物，但现在南极狼已经彻底灭绝，岛上仅存麦哲伦企鹅（也叫南美企鹅）、信天翁、海狗、海狮等动物。

为了让我们对马尔维纳斯群岛有更多的了解，船方特意请来了遗迹谷的主人莱瑞给我们介绍马尔维纳斯群岛的情况。莱瑞一家买下了遗迹谷所在的小岛，她家在岛上养了4000多只羊，出口羊毛和羊肉是他们主要的经济来源。

莱瑞一家还负责记录岛上的黑眉信天翁的数量。为了保护环境，岛上全部采用太阳能和风力发电。

除了给我们介绍她家的小岛，莱瑞来船上最主要的事情就是洗澡，因为淡水资源有限，岛上的淡水几乎仅供食用，用淡水洗澡简直是太奢侈了。想到我们每天都可以在船上洗澡，实在是太幸福了！

其实，莱瑞上船也不是一件容易的事。因为岛上没有专用码头，"星辉号"不能靠岸，得用橡皮冲锋艇来接送。如果风浪大，冲锋艇就无法下海，莱瑞就上不了船。而我们每一次的登陆，也要从大船先下到冲锋艇上，再由冲锋艇载我们到岛上。乘坐冲锋艇时，我们会用手握、用屁股贴紧冲锋艇的边缘保持平衡。汪洋大海中的一叶小冲锋艇，成了我们必不可少的交通工具。

▼ 冲锋艇在海上显得很渺小

▼ 兴奋的我们终于上岛了

自然思考

海上的天气变幻莫测

? 南极不属于任何国家

  1959 年 12 月 1 日，澳大利亚、阿根廷等 12 国签署了《南极条约》，约定南极洲仅用于和平目的，促进在南极洲地区进行科学考察的自由，促进科学考察中的国际合作，不成为国际纠纷的场所或对象。中国于 1983 年加入《南极条约》，并于 1985 年 10 月 7 日获得《南极条约》协商国资格。

▼ 黑眉信天翁

17

04

南极『清道夫』——巨鹱

我是海上"清道夫"

下午，海上温度已下降到了 1℃。

甲板上空巨鹱掠过，胖乎乎的大鸟执着地追逐着我们的船。我站在船的第三层甲板上，用相机捕捉着它们的身影。

巨鹱也叫巨海燕，是南极地区的代表性鸟类。它们分为两种，一种是南巨鹱，喙尖是灰绿色的；另一种叫北巨鹱，也称霍氏巨鹱，它们和南巨鹱长得很像，只是喙尖是粉红色的。两种巨鹱都是主要生活在南半球和南极洲周边海域的鹱形目鸟类。

鹱形目的鸟类都是很强健的，它们长着带钩子的喙，强大而有力；鼻子呈管状，用来排除多余的盐分，因此也被叫作"管鼻鸟"。鹱形目的鸟类在全球大部分地区都有，我在北极的时候，在

▲ 正在觅食的南巨鹱

海上第一个认识的就是它们。

    成年巨鹱体重可达5千克，像一只家鹅那么大，它们的羽毛依个体不同，颜色从浅棕到深棕都有，甚至还有全白色的南巨鹱。我在大海上常见到羽毛浅棕色、头部白色、腹部有很多棕色斑点的南巨鹱。

    巨鹱并不怕人，看到我在船上拍照，它们好奇地低飞，在我头顶5米左右的地方，眼神直勾勾地盯着我，我也几乎看得清它们身上羽毛的细节和大大的管状鼻管。南巨鹱在海上时，看上去一副温和淡定的样子，但是到了陆地，它们就化身为抢夺企鹅食物的"强盗"。有的人觉得它们展开翅膀，躬身在海滩上溜达来溜达去的样子神似京剧中的"座山雕"，于是管它们叫"南极座山雕"。其实，我对巨鹱没有刻板印象，它们展开两翼飞翔的时候，给我的感觉是

▲ 正在散步的南巨鹱

19

非常强壮，一副吃苦耐劳、坚忍不拔的样子。

从生态系统上来看，南巨鹱相当于南极的秃鹫，它们处在食物链的顶端，爱吃腐肉。它们在大海上寻觅鲸、海豹的尸体，在陆地上吃企鹅的尸体，没尸体时就吃濒临死亡的小海狮、小海狗，甚至攻击健康的小企鹅。南巨鹱虽然凶猛，却是南极生态系统里非常重要的成员。

▲ 岸上展翅的巨鹱

无论是海洋还是陆地，都需要"清道夫"，南极也不例外，巨鹱用它们强有力的喙把海岸和洋面"打扫"得干干净净，从而防止因动物尸体的腐烂而传染疾病。要是没有它们，南极可能不会如此干净。

尽管巨鹱十分强大，但是近几十年来，它们在南极的数量却呈现明显下降的趋势。美丽的小岛不该成为巨鹱的灭绝之地，但是进入小岛的人类，却无意间成为鸟类的杀手。随着全球变暖和人类对南极的过度开发，南极的自然环境不断恶化，进而影响南极各种生物的生存。

▲ 在空中飞翔的巨鹱

？

南极如何面对
生态危机

　　人类的进入，造成了南极的局部污染和自然生态环境的破坏。近15年里，南极最湿润的菲尔德斯半岛上，巨鹱的数量减少了90%，繁殖率下降了40%，给人类敲响了警钟。

05

西点岛的南跳岩企鹅和黑眉信天翁

▲ "歌唱家"美鸫

经过 40 多个小时的海上航行，我们到达了马尔维纳斯群岛。

登陆马尔维纳斯群岛的西点岛是从早上 8 点开始的，乘坐橡皮冲锋艇跳上岸，迎接我们的是两只爱歌唱的小鸟。黑色的小鸟挺着溜圆的肚子哧溜哧溜地跑着，它是属于鸫科一类的鸟，看它金色的喙和眼圈，再听它婉转的歌声就能分辨出八九分。

鸫科的鸟都是具有天赋的"歌唱家"，它们属于中小型的鸣禽，遍布世界各地。鸫科由鸫、鸲、和平鸟等组成，其中有些鸟是非常优秀的鸣禽。例如，乌鸫是瑞典的国鸟，欧亚鸲是英国的国鸟，我们国家的新疆歌鸲也非常有名。我住北京时，常看到院子里有乌鸫来，

▲ 短嘴沼泽鹪鹩

▲ 盛开的金雀花

它们唱起歌来婉转动听。

离岸边没多远就是一片灌木林，树还没有长出叶子，我听到脑后有连续的清脆响亮的鸟叫声，扭头一看，站在枯枝树杈间的是一只比麻雀还小的鸟。问了领队生物老师可莱，才知道它是雀形目鹪鹩科的短嘴沼泽鹪鹩。

短嘴沼泽鹪鹩非常娇小可爱，仿佛是个小绒球，灰黑色和褐色的羽毛在身上交织成条状的斑纹，也算是不爱红装爱素装的鸟了。别看它这么袖珍，其实是个强悍的肉食动物呢，它们捕食昆虫和蜘蛛。短嘴沼泽鹪鹩寿命不长，大多只有 5 年，但是它们一生歌声嘹亮，是个不折不扣的林间歌唱家。它们主要分布在中美洲和南美洲，在马尔维纳斯群岛看到它们，好像是这片寂静的土地，有意让不起眼的小"歌手"为我们举行了一个简短的欢迎仪式。

在岸边"等待"我们的，还有白草雁、斑胁草雁、短翅船鸭和黄嘴鸭这些雁形目鸭科的鸟类。

树木被南极强劲的风吹成了一边倒，从欧洲引进的金雀花却灿烂地怒放着。虽然夏季是马尔维纳斯群岛最风和日丽的季节，但风力有时仍有四到五级，所以发电的风车不停地旋转着。遗憾的是，我们登岛的这天是个阴天，时不时也落些雨点，导致摄影的光线不太理想。

▲ 悠闲散步的白草雁　　▲ 正在玩耍的黄嘴鸭

　　白草雁夫妇在岸边的金雀花地上无所事事地闲逛着，它们一副心宽体胖的样子。白草雁是喙很小、腿较长的鸭科鸟类，雄性与雌性的外表差别非常大。雄雁通体洁白，而雌雁穿着黑色的上衣，胸腹部有白色横斑纹。科学家说，白草雁酷似雁但不是真正的雁，而是陆栖性较强的鹅类。它们仅存在于南美洲，是不折不扣的"素食主义者"。

　　黄嘴鸭是很会隐蔽自己的鸭科动物，它们的羽色与环境保持一致，若不是眼尖还真发现不了。它们那褐色与黄色交织的斑驳的上体和双翅，与雪水融化后形成的小湖和湿地的色调完美融合，只有那黄色的喙是唯一容易识别的部位。黄嘴鸭爱吃植物，但遇到无脊椎动物时，也会尝尝鲜。

　　斑胁草雁喙小腿长，虽说也叫雁，看上去却像鹅。偶遇小池塘边的一家子，父母带着7个宝宝。斑胁草雁父母一直很警惕地望着我们，无论是在岸上还是在水里，眼神就没从我们身上移开过，为了保护自己的小宝宝，它们真是尽心尽力！我见到的这只雄斑胁草雁有白色的头部、颈部、胸部和腹部，腿部黑色，像穿着黑"靴子"。

▼ 斑胁草雁夫妇和它们的孩子

雌斑胁草雁则有褐色的头部和颈部，胸腹部是黑色的，腿部黄色，像穿着黄色的靴子。为了不打扰它们，我们远远地拍完照，赶紧离开了它们的警戒区。

上午在西点岛，重点是去探访黑眉信天翁和南跳岩企鹅（也叫凤头黄眉企鹅）的繁殖地。穿上保暖防湿的大雪靴，走3千米泥泞的湿地，也是颇费力气。1℃的天气，雪开始融化，冷风吹过，让人瑟瑟发抖，尤其是早上八九点钟，羽绒服、帽子、手套是必须全部穿戴好的。穿梭在约有2米高的白草丛中，脚下湿滑的泥地中偶尔会暗藏岩石，一不留神我就来个趔趄，幸亏周边有高大的白草可以随手抓住，要不我就变成溜冰的企鹅了。

探险队员在茂密的草丛中巡视，防止有人去往不该去的地方或走错路迷失方向。马岛战争在马尔维纳斯群岛留下了近两万枚地雷，走错路是十分危险的。所以，我们走的每一条路，都需探险队员事先探测出来，他们是在用生命保障我们的安全。

我们走了大约40分钟后，到了被称为"恶魔之鼻"的西北峭壁，至此再也不能前行。因为这里是山谷地带，

▼ 正在孵蛋的黑眉信天翁

▲ 正在吵架的黑眉信天翁和南跳岩企鹅　　　　▲ 正在求偶的黑眉信天翁

数以千计的黑眉信天翁（传说中颜值极高的爱情鸟）和南跳岩企鹅聚集在此，所有人必须躲在白草的后面，与它们相距至少 5 米，安静地观察这成千上万只正在孵蛋或求偶的黑眉信天翁与南跳岩企鹅。

说来也是奇怪，黑眉信天翁和南跳岩企鹅之间的关系并不友好，却密集地混居在一起，成了邻居。拥有巨大两翼的黑眉信天翁会时不时地欺负一下南跳岩企鹅，小小的南跳岩企鹅就像受气包。我亲眼见到黑眉信天翁，无情地对南跳岩企鹅发起攻击，把它们赶走。

黑眉信天翁是一种双翼展开有 2 米多的鹱形目鸟类，它们的喙夹杂着粉色与柠檬黄，特别鲜艳，白色的羽毛配上"烟熏妆"，真是不折不扣的高颜值鸟。有人很有意思地把地球上的海鸟分为三大"豪门"，它们分别是主导南方海洋的鹱形目，主导北方海洋的鸻形目，

我的美无比伦比，嘿嘿

以及主导热带海洋的鹈形目。而鹱形目鸟类的远洋性远远超过另外两大"豪门"，因为它们不仅有强悍的飞行能力，而且生就了顽强的毅力，它们的飞行距离都比较远，信天翁便是这"豪门"下的大型鸟类。

据科学家监测，黑眉信天翁的寿命很长，可以超过 70 岁。

不过，近些年来，黑眉信天翁的数量

无论在哪个岛，都呈下降趋势。黑眉信天翁到 10 岁左右才开始谈恋爱，找配偶，孕育下一代。为确保小宝宝能够安全出生和健康成长，每对夫妇每年只产一枚蛋。已经做窝的黑眉信天翁精心呵护着腹下唯一的蛋，而那些还处在热恋期的黑眉信天翁则用它们的长喙彼此歌唱着，相互亲吻着，特别有仪式感。在空中盘旋的黑眉信天翁能在众多的同类中，精准地找到自己心爱的伴侣。见面后，它们就把尾部的羽毛展开，翩翩起舞，展示自己的魅力和表达对对方的爱慕之情。

整个繁殖地，全是黑眉信天翁爱情的歌声，而南跳岩企鹅却安静得出奇。小巧玲珑的南跳岩企鹅，只有 55—65 厘米高，也许是个头太小了，它们只能在岩石上用跳跃的方式前行，所以被称为"跳岩企鹅"。另外，它们的眉宇处有几道长长的淡黄色羽毛，于是也被叫作"凤头黄眉企鹅"，这点与马可罗尼企鹅（也叫长眉企鹅）很像。但两者的不同之处在于，南跳岩企鹅头上的淡黄色羽毛并不相连，而马可罗尼企鹅的淡黄色羽毛是连在一起的。

▲ 正在孵蛋的南跳岩企鹅

别惹我

橘红色的喙，酒红色的眼睛，粉色的脚，脑门上朋克般竖起来的冠羽和眼睛上黄色的长眉羽，就像南跳岩企鹅特意为舞会准备的妆容。虽然有资料说它们脾气暴躁，是企鹅科里最凶悍的家伙，但据我短暂的观察，还没有发现一只南跳岩企鹅敢对黑眉信天翁有什么不满。

南跳岩企鹅主要生活在阿根廷、智利、新西兰等南极沿海地区。近些年南跳岩企鹅的生存状况不容乐观，已被列为易危物种。

旅行者不能干扰岛上动物的自然生存环境，所以此次探访仅进行了半天。我依依不舍地与岛上的所有动物告别，期待它们都像小小的南跳岩企鹅勇敢地跳过岩石那样，跳过它们生命演化中遇到的困难，平安地留在地球上。

▼ 冠羽直立的南跳岩企鹅

▲ 正在"聚会"的黑眉信天翁

自然思考

马尔维纳斯群岛的生物学地位

马尔维纳斯群岛是数百万企鹅的繁殖地，其中数量最多的是南跳岩企鹅、麦哲伦企鹅和巴布亚企鹅（也叫白眉企鹅），还有少数的王企鹅和马可罗尼企鹅。现在岛上大约有65种不同种类的鸟，包括黑眉信天翁、游隼、巨隼等。据说全世界的黑眉信天翁约有40万对是在马尔维纳斯群岛繁殖的。这里还有海豚、鼠海豚、南美海狮和象海豹，在个别僻静的场所还能发现海獭。可见马尔维纳斯群岛在生物学领域有着多么重要的地位。

06

纽岛上的巴布亚企鹅和红腿巨隼

▲ 按时回家给孩子喂食的企鹅家长

　　下午我要去纽岛拜访另一种企鹅——巴布亚企鹅，这让我充满了期待。

　　马尔维纳斯群岛的纽岛所在地，是早期捕鲸船和捕海豹船靠岸的避风港、避难地。岛上的两户人家拥有这个岛屿的所有权，其中之一，就是昨天来船上为我们介绍马尔维纳斯群岛的莱瑞。两家人把纽岛划归为自然保护地，负责监管和保护岛上的所有野生动物。目前岛上栖息着南跳岩企鹅、巴布亚企鹅、黑眉信天翁和蓝眼鸬鹚等。但我们在这里看到的主要是巴布亚企鹅。

　　巴布亚企鹅的名字非常多，因为它们的眼睛上方到头顶有一块明显的白斑，就像一条白色的眉毛，所以也叫"白眉企鹅"。探险队里的金马则习惯叫它

▲ 姿态各异的巴布亚企鹅

们的英文名 Gentoo Penguin——金图企鹅。

巴布亚企鹅是继帝企鹅、王企鹅之后，体形最大的企鹅。成年的巴布亚企鹅身长有 60—80 厘米，重约 6 千克。它们的喙细长，在喙角处有鲜艳的橘红色，眼角处有一个红色的三角形，是企鹅里眉清目秀的品种。它们温和又安静，如绅士一般，显得彬彬有礼，所以大家又称呼它们为"绅士企鹅"。

马尔维纳斯群岛是巴布亚企鹅数量最多的繁殖地，我们到的时候，正是 11 月下旬，恰好是巴布亚企鹅的繁殖期。我们看到在平缓的原野上这一群、那一群，聚集着很多巴布亚企鹅。企鹅喜欢群居，也许是因为群居的方式能抵抗掠食者吧。企鹅们的孵化窝都是热热闹闹地挨在一起的，它们卧在各自用泥土、石子堆砌的孵化窝里。企鹅丈夫在妻子的周围走来走去，时不时地为妻子捡来小石子，妻子遇到这种情况，有时会站立起来，和丈夫一起鸣叫，真是举案齐眉的模范夫妻呢！

▲ 正在取食的巴布亚企鹅宝宝

　　就在妻子们站起来的时候，我窥见了它们腹下的蛋，有的是一枚蛋，有的是两枚，最多的是三枚。而且，有的蛋壳里已经钻出了企鹅宝宝，稍大一点的企鹅宝宝已经能从母亲的嘴里取食了。

　　巴布亚企鹅的生活相对来说是舒心的，在陆地上几乎没有天敌，身边的红腿巨隼偶尔会伺机偷蛋，但不会对成年的健康企鹅构成威胁。就在巴布亚企鹅孵蛋的地方，我看到一只硕大的红腿巨隼堂而皇之地在企鹅群中走来走去，迎面遇上企鹅也丝毫不躲闪，简直肆无忌惮。

　　红腿巨隼仅生活在南美洲，它们看上去强壮而冷峻，灰色或灰黑色的喙配上金黄色的下巴，散发出一种王者之气。据说，红腿巨隼的一生也是苦练而成的。红腿巨隼满一岁时，会被妈妈赶出巢穴，从此开始自己独立的生

▲ 正在觅食的红腿巨隼

活。这些幼鸟最大的敌人就是成年红腿巨隼，因为所有成年的红腿巨隼都是抢占猎物的霸王，它们欺负幼小成性。为了生存，幼小的红腿巨隼们不得不团结一致，共同对抗成年红腿巨隼。

当然，这些红腿巨隼内部也会有明争暗斗，相互抢夺食物的事时有发生。在这样充满竞争的搏斗中经历 4 年，生存下来的红腿巨隼就算在鸟的"社会大学"里毕业了，它们可以开始独闯天下了。其实，就算是食物链顶端的生物，生存下来也是非常不容易的。

我们是和睦相处的巴布亚企鹅

相对来说，和睦而温和的巴布亚企鹅，命运似乎没有那么跌宕起伏，至少父母给了小企鹅浓浓的爱。孩子们在关爱中成长，面临的仅仅是大自然的考验。

巴布亚企鹅的繁殖地都在南极地区比较靠南的岛屿，全球每年有30多万对巴布亚企鹅在马尔维纳斯群岛、南乔治亚岛和凯尔盖朗群岛等地繁殖。

▲ 正在观察自己的脚的巴布亚企鹅

在原野上，我们经常路遇奔向海边补充能量，或刚刚从大海里吃饱回来和另一半换岗孵蛋的成年企鹅。它们从对面列队走过，就好像上岛的我们一般，只是它们不穿衣服，也不带各种装备。看着它们三三两两结伴而行，那份悠然自得和天真快乐，真是叫人羡慕。

巴布亚企鹅一生最危险的时刻是在海上觅食的时候。妻子生蛋之后，丈夫先孵蛋。妻子就会赶紧去海里吃磷虾补充能量，夫妻每隔1—3天换一次班。它们会在接下来七八个月的时间里，就这样轮流值班，轮流去海里觅食。就在离孵化地不远的海边，我拍摄到

▼ 顺利上岸的企鹅们

▲ 正在戏水的花斑喙头海豚　　　　　　▲ 一对花斑喙头海豚

了水中成群的花斑喙头海豚。由于不能靠近仔细观察，当时我把海水里急速游动的一群花斑喙头海豚错看成了集体出动的虎鲸。后来我把照片给国家动物博物馆的孙忻馆长看了，才知道那是花斑喙头海豚。

花斑喙头海豚和虎鲸的头都是黑色的，腹部都是白色的，但是虎鲸的体形比花斑喙头海豚大多了，而且黑的部位更黑，白的部位更白，尤其是嘴边还有个明显的白斑。花斑喙头海豚不吃企鹅，或许它们跟随上百只刚刚觅食完回来换班的巴布亚企鹅，是为了护送企鹅安全回家。要是回家的企鹅父母遇上的是虎鲸，可就没那么幸运啦。

在巴布亚企鹅的孵化地，我也见到过一个孤零零的蛋宝宝暴露在空无一鸟的巢穴中。这种情况就很不幸，可能是去觅食的成年企鹅再也没有回来，那么等待这个蛋宝宝的多半就是红腿巨隼的蚕食。

无论是在上午的西点岛，还是下午的纽岛，我都拍摄到了鲜血淋漓的鸟尸体。新生和死亡就像一个钱币的两面，它们交替出现在大自然中，成为这个世界永恒的定律：没有长生不老，只有活着或死亡。

回到"星辉号"的时候，天色已经暗下来了，虽说南极的夏天是极昼，但是夜晚的天空也会比白天暗淡很多。蓝眼鸬鹚和南极燕鸥飞过船舷，半道彩虹从海面直射苍穹，就好像一盏七彩的霓虹灯映照着我们刚刚告别的纽岛。

如何看待食物链

　　面对大自然中的杀戮和蚕食，从人的情感出发，我们总是同情弱小者，把强大的食物链顶端的动物视为恶魔。但是，动物之间，没有好坏之分，对于大自然来说，从来没有有益动物和有害动物之分，每一种生命的存在都有其合理性，它们相互依存、相互发展，缺一不可。

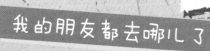

我的朋友都去哪儿了

▼ 年轻力壮的红腿巨隼

07

伟大的探险家——沙克尔顿

▲ 沙克尔顿画像

离开马尔维纳斯群岛，我们前往南乔治亚岛，由于两岛相距 1300 千米，我们又要在船上度过一个航海日。

在这段时间里，我偶遇了中国北极科考第一人，探险家、科学家位梦华教授，我们原本就认识，在南极相遇真是惊喜。

而与我们跨时空相遇的，是英国伟大的探险家——沙克尔顿。

谈起南极探险，有 3 个人的名字是一定会被提及的：英国探险家斯科特，挪威探险家阿蒙森，英国探险家沙克尔顿。沙克尔顿，有着其他两人不具备的特殊品质。

"星辉号"第四层的舱内，播放着有关南极的纪录片，沙克尔顿的纪录片

▲ 我和位梦华教授在南极相逢

把我一下子带到了 20 世纪的极地探险中。

　　沙克尔顿，怎么看都是一副英俊而富有魅力的模样，他并非一脸威严，而是在沉思中，显出一种诗人的深邃、船长的乐观以及军人的果敢。单看沙克尔顿的眼睛，就能感受到他内心深处的柔软，这是其他冒险家所没有的，而这心灵的柔软恰是其内心最强大的能量的影射。

　　沙克尔顿，1874 年 2 月 15 日出生于爱尔兰的基尔代尔郡，在家中的 10 个孩子中排行第二。他 10 岁时，全家迁往英国。11 岁，他才第一次走进学校，他不喜欢学校的教育模式，但是热爱诗歌，向往大海，是真正对诗和远方抱有期待的孩子。

　　15 岁时，他认定了自己的一生要在海上度过，向家人宣布了自己的理想。父母很支持他，帮他在船上谋得了一个服务生的职位。4 年的船上学徒生涯，为他奠定了坚实的海上航行基础。24 岁时，他获得了船长证书。

　　1899 年，沙克尔顿加入皇家地理学会。1900 年，沙克尔顿申请加入英国国家南极探险队，1901 年初被录取。这支探险队由斯科特领导,探险船名叫"发现号"。1901 年 7 月 23 日,"发现号"起程,船上只有 38 人,沙克尔顿独特的才华开始显现,他不仅在船上协助科学家进行科学实验,而且团结船员、鼓舞士气,创造各种娱乐活动让大伙儿消遣,他甚至编了一份船上出版物——《南极时报》。

当"发现号"进入南极的麦克默多海峡时,斯科特挑选了沙克尔顿和随船医生,打算一起步行约 2500 千米到达南极点。途中,医生患上了雪盲症,三人都患了坏血病,沙克尔顿病得最严重。就在他们距离南极八九百千米的时候,斯科特决定返回船上。第一次出征南极以失败告终,斯科特怪罪于沙克尔顿生病,并将他遣返英国。

回到英国的沙克尔顿恢复身体后,组织了自己的南极探险队,国王和皇后接见了他,皇后赠给他一面英国国旗,让他插在南极点。沙克尔顿带着这面旗登上"猎人号"探险船,再次出发了。

这一次的出征,沙克尔顿在南极海岸建立了营地,营地在他的影响下,就像一个温暖的家。沙克尔顿和他的 3 个伙伴于 1908 年 11 月 3 日出发,到了 11 月 26 日已经打破了"发现号"创造的南极行程纪录。但是,接下去就不顺利了。

沙克尔顿这次使用了中国东北种的小马来运输物资,事实证明马不适合极地生存,4 匹小马掉进了冰窟窿,还差点带走一个他们的伙伴。又走了一个月,全班人马实在精疲力竭,忍受着雪盲、饥饿和冻伤的折磨,沙克尔顿把身上的最后一块饼干给了同伴。眼看再也无法前行,是成为历史上到达南极点的第一人,还是保全队友

▲ 南极冰川

的性命？沙克尔顿选择了后者。

1909 年 1 月 9 日，他带领团队向南极做最后的冲刺，把皇后赠予的国旗插在了南纬 88° 23′， 此地距南极点大约 156 千米。回程途中有 4 人患上了痢疾，但沙克尔顿带着全部队员顺利回到了船上，没有一个人牺牲。

对于最终没有到达南极点这件事，沙克尔顿幽默地回答："活着的驴，要好于死去的狮子。"

回国后的沙克尔顿得到了英雄般的待遇，被授予了"爵士"的称号。

在 1911 年底和 1912 年初，挪威探险家阿蒙森和英国探险家斯科特摘

得登陆南极点的桂冠。

沙克尔顿给第一个登上南极点的阿蒙森发去了贺电："最衷心的祝贺。伟大的成就！"阿蒙森对沙克尔顿高度评价："你做到了你应做的事，而且还将会为勇敢而富有进取心的英国探险家们摘得华丽王冠上那颗最璀璨的宝石。"

为了摘取那颗最璀璨的宝石，沙克尔顿努力筹钱，购买了"坚忍号"，准备第三次进军南极，徒步120天完成横跨南极大陆的探险。

这次的探险遇到了更大的麻烦，一进入威德尔海，浮冰和冰山在刺眼的阳光下困住了沙克尔顿的"坚忍号"，船只只能在茫茫冰海上度过一个冬天，等待第二年夏天的到来。

极夜来临，队员们都焦虑起来。沙克尔顿巧妙地化解困难，把雪橇犬分为6队，举行雪橇犬的对抗赛，让船员们重新振奋起来。打扑克，举行国际象棋比赛、理发比赛，每周举行歌会让队员们重新找回求生信念。在春天"坚忍号"沉没之后，沙克尔顿又建立了冰洋营，他靠阅读、打猎、观测天气变化、修理设备来鼓舞士气。夏天终于来临，沙克尔顿带着勇士们乘坐救生船，克服了一个又一个的艰难险阻，最终顺利返回陆地。

100多年来，沙克尔顿的名气始终超过斯科特。"我为我的朋友们选择了生存，而不是死亡……我相信探索未知的世界是人类的本性。裹足不前才是真正的失败。"沙克尔顿的身上，不仅有超乎想象的英雄气概，还有那闪耀着人文色彩的诗人光芒：生命永远比成功更重要！

自然思考

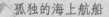

沙克尔顿因什么而伟大

在 2002 年关于"最伟大的 100 位英国人"的调查中，始终未能到达南极点的沙克尔顿排在第 11 位，而南极点的征服者斯科特则位列其后。沙克尔顿以伟大的人格魅力征服了世界，成了南极探险史上优秀的领导者。

▼ 孤独的海上航船

43

08

迷失的火海燕

▲ 船上的我

　　"星辉号"驶向沙克尔顿曾经获救的南乔治亚岛，我们会遇到他当年遇到的浮冰吗？

　　100多年过去，工业化和过度开发导致地球气候变暖，11月底的南乔治亚岛附近，冰已经不像百年前沙克尔顿遇到的那样多了。每时每刻，"星辉号"都能收到关于海风和海冰的报告，气象报道：南乔治亚岛附近没有浮冰，我们可以放心地在船舱里睡觉了。

　　每到夜晚，尽管是极昼，在南极半岛附近还是有两三个小时的黑夜。为了来往海鸟的安全，每个船舱必须拉上窗帘，以免灯光误导它们。但是，游轮不会漆黑一片，总会有灯光泄出门窗，仍然会有不少海鸟因灯光误入歧途。当发

44

◀ 巨鹱和海燕

▲ 灰背海燕

现有鸟掉落在甲板上时，任何人都要第一时间报告给探险队员，因为海鸟不会在船上行走，如果不及时让它们返回天空，它们就会死亡。

白天，海燕队队员发现甲板角落里有一只小海燕在扑腾，赶紧把它交给了探险队长雅恩。雅恩找了个大纸盒子把小海燕先收容了。据说，假如白天放飞，海燕由于惊吓、惶恐，容易迷失方向；而夜晚，它会根据星光和风向，找到正确的方位。

当夜晚再次来临的时候，我们和雅恩一起放飞了这只小海燕，看着小海燕从仅有 6 岁的队员小美手中迅速消失在黑夜中，我内心祈祷它不再迷航。

现在南极地区大约有 6500 万只海鸟，过去南乔治亚岛曾因为船只靠岸带来老鼠，之后老鼠成灾，偷吃鸟蛋和雏鸟，使鸟类面临

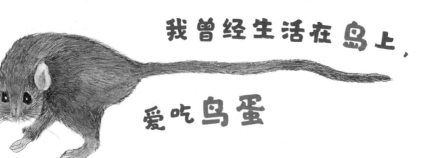

我曾经生活在岛上，爱吃鸟蛋

灭绝的危险。因为岛上没有吃老鼠的猛禽，最后只能用飞机撒药的方式灭鼠。10年时间，科学家们花了很大的人力物力才把老鼠灭绝，海鸟们才得以重生。

所以，游轮不能靠岸，橡皮冲锋艇是连接游轮和岛的唯一桥梁。而且人员登岛要做彻底的消毒，连鞋底的凹槽里都不能携带一丁点尘土、种子、昆虫、虫卵等，因为这会影响岛上的生态系统。登陆前，每个人都需要到三楼连接甲板的大厅，给防寒服、帽子除尘，用刷子把鞋子刷洗干净，再由探险队员检查。检查通过后，我们才能登上南乔治亚岛。南乔治亚岛的检查人员也会来船上视察工作，看每个人是否清洗彻底。

越接近南极半岛，随船尾飞行的海鸟越多。除南巨鹱外，还有霍氏巨鹱、灰鹱、大鹱、白头圆尾鹱、灰脸圆尾鹱、南极鹱、雪鹱、银灰暴风鹱、花斑鹱、蓝鹱、鸽锯鹱、细嘴锯鹱、短嘴圆尾鹱、仙锯鹱、大西洋圆尾鹱、柔羽圆尾鹱……有时，鸽锯鹱就停在浪尖上，更多的时候，它们在一拨又一拨的海浪上随风嬉戏，就像玩滑板的淘气孩子那样，故意飞上浪峰，又忽地坠入浪谷。

一路天蓝、海蓝，蓝得把眼睛都看酸了。我在长焦镜头里追踪着一只又一只海鸟，乐此不疲。

▲ 奔赴南极的花斑鹱编队

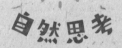

海燕——浪尖舞者

　　小时候读过《海燕之歌》，这是高尔基创作的一篇著名的散文诗。文中说到海燕在暴风雨来临之前，常在海面上飞翔。在俄文里，"海燕"一词含有"暴风雨的预言者"之意。其实，海燕科的鸟是在浪尖上飞翔的强者，暴风雨来临时，它们会与风浪共舞。

希望我们能够一直幸福下去

09 古利德维肯遇南极海狗

接近古利德维肯的时候，海边开始出现雪山了。古利德维肯是南乔治亚岛最大的停泊地，也被金马说成是唯一的城镇，因为这里有邮局、教堂、商店、博物馆。古利德维肯的捕鲸博物馆由2名岛上的居民管理着，听说岛上的教堂还举行过婚礼。

100多年前，这里是血淋淋的鲸鱼屠宰场。1904年被设立为采鲸油基地后，有300名男子在这里以炼鲸鱼油为生。此后60年间渐渐捕不到鲸鱼了，这些人才撤走。现在，捕鲸船和工厂已经变得锈迹斑斑，再也看不到巨鲸的尸体，但白骨遗骸遍地。如今，这里成为去往南极半岛的经停点，也是旅行者能够登陆的地点之一。

这里也是沙克尔顿安眠的地方。1921 年 9 月 18 日，沙克尔顿从英国出发，1922 年 1 月 4 日到达南乔治亚岛，他准备环游南极洲以绘制海岸线图。没想到 1 月 5 日凌晨，他因心脏病发作去世。去世之前的几个小时，沙克尔顿写下了最后一篇日记："暗淡的暮光中，我看到一颗徘徊的孤星，如同宝石一样点缀在海湾上空。"这位一生热爱诗歌的探险家给我们留下了灵动的文字，也为自己留下了一段精彩的墓志铭。

　　按照沙克尔顿妻子的要求，沙克尔顿被安葬在古利德维肯。对于沙克尔顿来说，这是他最好的安息地，因为他可以永远在这里遥望南极。

　　登陆古利德维肯前，当地政府派检查人员来船上检查，只有消毒情况符合标准，才会允许我们登陆。他们再三叮嘱，岸上有海狗，而此时正是海狗的发情期，它们为了守护家人，会攻击靠近的人。所以，遇到安静的海狗要保持 5 米距离，遇到打架的、有家室的海狗一定要远离 25 米以上。

　　我从冲锋艇上下来，就看到了海边大大小小的海狗，它们有的在仰望远处的雪山，有的一家三口正其乐融融地依偎在一起。海边

▼ 南极海狗一家

49

▲ 仰望远山的南极海狗

的海狗貌似都算安静，却不知，我被这个假象蒙蔽了。当我刚蹲下，想要拍摄一只孤身仰望远山的雄海狗时，这只海狗竟扭着肥胖的身体"呼呼"叫着向我扑来……要知道海狗的奔跑速度是每小时20千米啊！

一开始我蒙了，直至大脑做出条件反射"快逃——"，我才连滚带爬地转身逃离。

极地历史学家金马事先提醒过，如遭遇南极海狗攻击，可以用双手举过头顶并击掌来吓退它们，但当时的我早就慌不择路了。试想，得有多大的定力，才能面对冲过来的巨兽做出击掌行为呢？

幸亏这只南极海狗把我赶出它的势力范围后，就站在原地继续仰望远山了。

我定下神之后，仔细检查了一遍，相机并未损坏，人也没有受伤，总算万幸。

在南极，大家穿的羽绒服、羽绒裤普遍很厚，又戴着手套、帽子，摔个跟头一般来说不会有什么危险。但是有了这个教训，之后看见雄海狗，我都躲得远远的。因为探险队长说，前几天其他船上有个人就被海狗咬了，海狗口腔里的细菌非常多，为了防止感染和保证全船人的安全，他们返回了阿根廷。

南极海狗也叫凯尔盖朗海狗，也有人叫它们"海狼"，主要分布在南极海域，其中约95%生活在南乔治亚岛和南桑威奇群岛。

▲ 正在睡觉的雌海狗

　　环南极地区有三种海狗：南极海狗、亚南极海狗和南美海狗。这三种海狗，毛色都不太一样。南极海狗背部的皮毛呈深灰褐色，腹部稍淡。亚南极海狗，也叫阿姆斯特丹岛海狗，它们的胸前是浅灰色近乎于白色。南美海狗有人管它们叫南海狮，它们的鬃毛浓密，雄性的体色从深褐到橙黄，也有浅灰的；雌性的体色从淡褐色到橘黄或黄色；幼崽的体背呈黑色，腹部呈淡黄色。

　　每年，有 10 万只南极海狗在南乔治亚岛繁育后代，海狗妈妈生下小海狗 7 天后，就离开子女再去交配繁育，小海狗纯粹靠运气活下来。海滩上经常能看到已经变成一张皮的小海狗，甚至能看到巨鹱将奄奄一息的小海狗当成午餐。

　　南极的海岸异常宁静，也异常残酷。

51

每天都上演着你死我活的生存竞争，老弱病残没有生存空间，动物世界的法则就是优胜劣汰。动物们必须身强体壮，否则很快就会成为食物链上端动物们的美餐。

　　成年雄海狗通常妻妾成群，有的甚至拥有 60 头雌海狗，所以它们争夺配偶异常激烈。年轻的雄海狗会集结起来，一起去挑战那些妻妾成群的雄海狗。由于雌海狗是被抢占对象，一般不会受到雄海狗的攻击，顶多被殃及受伤。但是那些刚出生的小海狗就惨了，它们在雄海狗的抢妻大战中，经常被重量超大的雄海狗压死。因此，拥有家室的雄海狗为了保护家人，在繁殖期间经常几个月不吃不喝。这样煎熬的日子很耗费体力，基本三到四年，它们就会体力不支，妻妾们被抢。

▼ 身强力壮的南极雄海狗

不管怎么说，我不太喜欢又脏脾气又暴躁的成年雄海狗。雌海狗和小海狗看上去干净可爱得多，特别是小海狗，就像童话里的精灵。

在海岸边，已经能看到零星的王企鹅了。与海狗相比，这些小家伙们显得清秀可人、憨态可掬。

在古利德维肯的废墟上，有不少的鸟类。远处的南乔治亚鸬鹚在海上悠闲地捕鱼，南极鹨飞翔在草地和建筑物之间，黄嘴针尾鸭悠闲自得地在浅滩中寻找着食物，南极燕鸥时而落在已经风化的木桥上，时而随开动的汽艇飞翔而去。是不是北极燕鸥到了南极，就叫它们南极燕鸥了呢？当然不是。虽然它们长得非常相似，但南极燕鸥体形更粗壮，也不会进行长途迁徙。而北极燕鸥在北极过夏天，等繁殖期结束后就开始南飞，越过赤道，绕地球半周，来到南极

◀ 南极燕鸥

53

▲ 南极燕鸥

过夏天，当南极的夏天结束后，它们又飞回北极。

面对古利德维肯残破的老船、旧桥、高炉、厂房，每一个来到这里的人都自发地想为死去的17万头鲸鱼凭吊。幸好现在动物们已经重新占领了这里，它们无言地向人类宣告：你们不过是登陆的过客，我们才是这里的主人。

▼ 停泊着残破船只的古利德维肯老码头

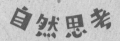

自然思考

杀戮让巨鲸消失

过去百年的古利德维肯炼油厂已成锈迹斑斑的废墟，散在地上的巨鲸白骨控诉着人类血腥残杀鲸鱼的罪恶。从18世纪末开始，共有160万头露脊鲸、座头鲸、抹香鲸被杀了，这导致海洋中的鲸鱼数量至今无法恢复。

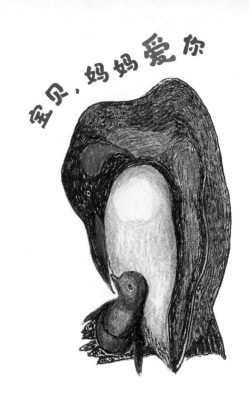

宝贝，妈妈爱你

10

王企鹅的天堂——圣安德鲁斯湾

我们到达圣安德鲁斯湾时，当地已经白雪皑皑，寒气逼人。

蓝白色的冰川，残雪相间的冰坡，隐藏在黑色的火山岩下，如芝麻一般聚集在一起的企鹅，让人根本无法计算数量。

这就是我在船上用望远镜看到的圣安德鲁斯湾的一隅。

南乔治亚岛本身是个活火山岛，荒凉多山，气候寒冷，大部分时间被冰雪覆盖，新月形的岛屿山峰险峻，非常入画，岛上 57% 的地方被冰川覆盖，这些冰川历经几十万年，呈现出绿松石般神秘的颜色。在甲板上望着圣安德鲁斯湾的陆地，犹如看到另一个星球的模样。我们即将进入南极动物天堂的

"大厅"。

登陆的地点选在了南乔治亚岛东北海岸，这一带因受高山的遮挡，强劲的西风被阻隔，野生动物们聚集于此。

圣安德鲁斯湾是南乔治亚岛最大的王企鹅栖息地，20 万对活泼喧闹的王企鹅布满了 3000 米长、满是鹅卵石的黑色沙滩。这里也是象海豹的繁殖地，高峰期时会有 6000 只雌象海豹在这里生育。

王企鹅身高 1 米左右，是企鹅里体形第二大的种类。别看它们走路不快，在冰雪上用肚皮滑行的时候，那速度可不是一般人能赶得上的。遇到天敌时，它们就会以这样的方式在雪地上奔逃。

王企鹅有个雅号——绅士，因为它们是南极企鹅中姿态最优雅、性情最温顺、外貌最漂亮的。和身材高大的帝企鹅相比，它们行动更灵巧，喙更细长，脖子下方的红色羽毛面积更大，且更为鲜艳。

成年的王企鹅站在水塘旁边，正在更换新的羽毛。由于换羽期间无法下海捕鱼，它们只能靠喝水塘里的水补充能量。成年企鹅褪下旧羽，换上"新装"之后，就开始准备下一轮的繁殖工作了。那些已经长得比父母还高大的未成年企鹅，也开始在水塘边换羽。它们脱

▲ 友爱互助的王企鹅

▲ 换羽期的王企鹅靠喝水补充能量

下猕猴桃色的"幼儿装",换上和父母一样的防水"燕尾服",就可以下海捕食鱼类,开启自食其力的生活了。

我站在山顶上,看着山下沿海平地和水塘边如此密集地聚在一起的王企鹅,不禁拿起笔画下它们的至真神态。居高临下,我可以看到王企鹅里的"猕猴桃宝宝"们被围在中心。这里仿佛成了一个王企鹅幼儿园,一些年长的王企鹅充当"阿姨",保护和管理着暂时没有父母照看的孩子。可是"阿姨"们不管饭,喂食的工作全部由它们的父母负责。此时父母们都出海去补充食物了,要

▲ 换羽期的王企鹅

▲ 密密麻麻的王企鹅

10 天左右才能赶回来。捕食磷虾的时候，父母们很可能会被周围的海豹、鲸鱼盯上，成为它们的盘中餐。如果父母无法按时回家喂养嗷嗷待哺的"猕猴桃宝宝"，这些宝宝就会成为"孤儿"。所以，每一只企鹅长大都很不容易。值得一提的是，如果父母可以毫发无损地顺利上岸，它们能在几十万只企鹅中迅速找到自家孩子。

岛上的生死都发生在瞬间，看到一只年轻王企鹅刚刚死去就已经被啄食，我只能安慰自己：是命运选择它

成为食物链上的牺牲品。

探险队里的阿格涅斯专门研究王企鹅，他告诉我们，小企鹅要生长五六年，才能成为一只具有繁殖能力的成年企鹅，脖子和面颊越红，说明它们的身体状态越好；如果喙是棕色的，耳部是浅黄色的，则代表企鹅的年龄还小，还没有繁殖能力，它们不和父母一起出海，而是与自己年龄相仿的小伙伴一起捕鱼，就好像参加夏令营一样。

远处山坡上的棕贼鸥、黑背鸥和偶尔飞过来的巨鹱，正处于繁殖期。它们选择与王企鹅、海豹为邻居，从来不用为食物发愁。我看到棕贼鸥母亲也在山坡上孵蛋，每当它站起来看着自己腹下的蛋宝宝，眼神中饱含母性的柔情。

虽处在食物链不同的位置，但大家共同构成了一个生态系统。谁被谁吃，那是命运，没什么可抱怨的，要想躲过更多劫难，唯有使自己变得更加坚忍。在生物演化的进程中，能生存下来的，往往不只是强大、聪明的个体，还有那些适应环境、能够在夹缝中生存的个体。

王企鹅本身并不属于身强力壮的动物，也不是聪明机智的动物，它们好奇心重，没有戒备心，但是它们特别会利用集体的力量去战胜困难。它们一起孵蛋、育儿、下海、捕食，遇到棕贼鸥的袭击，

▲ 等待时机下手的棕贼鸥

也一起抵御。

据科学家统计，一只成年王企鹅一天大概要花 4 个小时，啄咬 2000 次，以抵抗棕贼鸥和巨鹱的进攻。遇到恶劣的天气，大家就会抱团取暖，即使外面 −40℃，群体中的温度也可以高达 20℃，为企鹅家族，特别是企鹅宝宝提供最大的保障。

地球上的所有生物，都在用各自的方式生活着，一旦它们固有的习惯被改变，周遭的生态系统被破坏，那么一个种群甚至几个种群都有可能面临危险。所以，在岛上看到动物之间的生死搏斗，人不能干预。哪怕是善意的帮助，也可能改变大自然固有的秩序，给动物们带来灭顶之灾。

▼ 王企鹅的家园

?

尽心尽力的父母

　　在繁殖期间，王企鹅父母尽心尽力，它们一般每次只产一个蛋，父母轮流放在脚上孵化，直到企鹅宝宝出生。出生后，父母轮流去海里捕食，喂养宝宝。5个月后，小王企鹅才离开父母，和同伴们组成青年捕食纵队，到海里去捕食。由于自然环境十分恶劣，企鹅们必须拼尽全力确保下一代平安成长，才能保证物种的延续。

快看我表演

▼ 青年王企鹅捕食队

11

遇见冰架和白鞘嘴鸥

▲ 与船同行的白鞘嘴鸥

离开南乔治亚岛，"星辉号"驶向南极半岛。

在接近南极辐合带（南界为南极洲的海岸线，北界则是一条变动于南纬50°和南纬60°之间的假想线之间的地带）时，冷热洋流在此交汇，海上浮冰、冰山景观让我真切地感受到置身于南极洲了。

南极日落的梦幻景观，漂过来的每一座冰山，都让我舍不得错过。庞大的、绵延几十米的壮观冰桌，令人叹为观止。

探险队员爱丽丝曾特别介绍：这些浮动的冰山是冰盖迁徙的一部分，每年南极点的冰雪位置是不一样的，冰盖向大海迁徙形成了冰架，冰山又从冰架上分离，形成了南极的奇特景观。

▲ 白鞘嘴鸥

海水在 −1.8℃时，就会形成海冰，因为海水有盐度，结冰点在 −1.8℃。即使在夏天，南极洲也会有海冰形成，这些海冰可以绵延几千千米。海冰和冰山对南极的动物和生态具有重要的作用。因为冰下有大量的海藻，它们是磷虾的食物来源，也是海洋食物链中不可缺少的一环。假如南极的冰山全部融化，难以想象世界将会出现什么样的灾难。

航海日的每一天都不枯燥，不仅因为有机会遇到信天翁、燕鸥、巨鹱、海角鹱、座头鲸、虎鲸等极地动物，还因为有一些俏皮的小家伙，会随时来甲板上拜访。这不，白鞘嘴鸥出现了！

清晨的时候，大家都还在睡梦中，我悄然起床，来到甲板上的图书馆，拿了本自然摄影集翻看着。忽然听到敲门声，我往玻璃门看了看，没有人，便继续看书。不料敲门声又来了，我左看右看，还是没有人。

听到敲了几次之后，我站起来，便发现了这个浑身洁白的小家伙——白鞘嘴鸥。

三只白鞘嘴鸥正调皮地用嘴啄着玻璃，好奇地把玻璃当镜子，左照右照，对镜子里的自己产生了兴趣。看到我，它们便飞到甲板上的漂浮罐上，开始用嘴去啄那些漂浮罐上的网绳。

白鞘嘴鸥是生活在南极地区的鸟类，它们因喙基周围有粗糙的角质鞘遮盖着鼻孔而得名。粉红色的眼圈，粗硬的喙，没有蹼的脚爪，让它的外貌显得有些独特。

▲ 白鞘嘴鸥对镜子里的自己产生了兴趣

白鞘嘴鸥是南极的鸥鸟里唯一没有蹼的鸟，所以它不能在水里捕食鱼虾。别看白鞘嘴鸥一身洁白，飞起来宛如仙鸟，它们可是凶悍的肉食鸟类，而且十分好斗，经常用翅膀打架。在岸边，它们吃甲壳类、贝类，也吃海豹的胎衣，如果没什么东西可吃，它们就吃动物的粪便，甚至会从企鹅的嘴里抢食，有时还偷吃企鹅蛋或是幼小的企鹅宝宝。

▲ 在甲板上逗留的白鞘嘴鸥

大千世界人各不同，鸟的品性也是千差万别。每天跟船一起飞行的海鸟非常多，但是落在船上，敢和人对视并不逃走的，也只有白鞘嘴鸥了。

白鞘嘴鸥聚会

自然思考

?

南极本土鸟——白鞘嘴鸥

　　白鞘嘴鸥是南极本土鸟，它们在极寒的世界里顽强地生存着。它们虽然无法自主下海捕食，却拥有猛禽般的斗志。"物竞天择，适者生存"，这是大自然的生存法则。

12

莫尔特克港的南象海豹

莫尔特克港属于南乔治亚岛，作为南极洲的前沿岛屿，这里的天气变化多端。它此刻风和日丽，过会儿就会雨雪霏霏。

我们登陆的时候，天开始下起雨来，起初还是小雨，让寒冷的南极有了别样的清新舒适感。但没想到，雨越下越密。这里的雨不像北京的雨——要下就痛快地下，之后戛然而止。莫尔特克港的雨，更像是从喷雾器里喷出来的，看上去没什么雨点，可是大自然的手不停地按下喷雾器的开关，结果是动物身上挂满了水珠，我们的帽子和防寒服也全湿了。

说这里是港口，实际上它并不是真正的港口，附近也不能停船，只能靠冲锋艇上岸。岸边的黑沙滩上躺着很多海豹和海狗,这里是有名的繁殖地。因为正值海狗的繁殖期,探险队员登陆前给我们打了"预防针":如果沙滩上聚集了很多海狗,我们就不登陆。

还好我们登陆的时候,海狗没有聚集在沙滩上,而是分散在山坡的草丛里,于是我们顺利地来到了岛上。

与其他岛屿不同的是,莫尔特克港的地理位置得天独厚,它三面环山,只有一个豁口面向大海。这里风进不来,气候十分温和,植被丰茂,绿草如茵。

1775 年,库克船长在探索南乔治亚岛之后,在他撰写的报告里提到了岛上(包括莫尔特克港)有数量惊人的海豹。10 年后,第一艘猎杀海豹的船便来到了南乔治亚岛。这之后,疯狂的猎杀活动令人震惊。1800 年,仅来自纽约的一艘捕猎船就从这里带走了 5.7 万张海豹皮。同期还有 17 艘来自美国其他地区和英国的捕猎船。可想而知,那是怎样的浩劫!

捕猎时代过去之后,今天的莫尔特克港和南乔治亚岛的其他地区一样,已经是动物们的伊甸园。远处飞瀑如练,近处溪水潺潺,黄嘴针尾鸭悠闲地在小湖中寻觅着食物。

巴布亚企鹅驻扎在岛上,正在雨中孵蛋的巴布亚企鹅浑身布满晶莹的水珠,享受着雨水的滋润。而那些换好岗准备去补充食物的企鹅们则排成队,走在

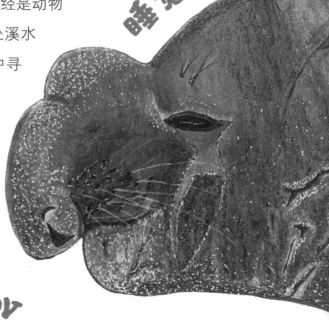

睡觉呢

Hi,你在干什么

▲ 正在雨中行走的巴布亚企鹅

葱绿厚实的草地上，勇敢地奔赴大海。

在岛上，只有企鹅、海豹和海狗们可以享受绿地赐予的恩惠，人在这里行走是受到限制的。随意践踏经过亿万年才形成的草地，即使没有站岗的探险队员的提醒，我们的内心也会自责。提前上岛的探险队员们早已在岛上插上了旗帜，有石头我们尽量踩石头，按照指定的路线，走在前面队员的脚印上，这是对岛屿最大的保护。

南象海豹是世界上体形最大的海豹，也是鳍足亚目动物中的兽王。成年的雄南象海豹身材肥大，行动迟缓。它们横七竖八地卧在沙滩上，体长有五六米，体重有三四吨。象海豹主要分布在美洲，分南象海豹和北象海豹两种。北象海豹居住在美国、墨西哥西部沿海；南象海豹现在仅分布在南极周边的岛屿和海岸。

南象海豹的鼻子并不像大象那么长，只有在表达喜怒哀乐的时候才会膨出，比起其他海豹，也算是有一个长鼻子了。成年的南象海豹喜欢挤在一起，躺在沙滩上睡觉。它们并不怕人，一旦有人挡

▼ 正在孵蛋的巴布亚企鹅

▲▼ 南象海豹

71

▲ 南象海豹的前鳍　　　　　　　　▲ 南象海豹的尾鳍

住它们的路，它们就会不爽，甚至生气，所以一定要避免站在南象海豹的周围，以防它怒吼狂叫。这么笨重的大家伙，即便只是冲你叫唤，也够让人胆战心惊的。

年轻的雌南象海豹显得干净可爱，它们喜欢在水里蜷曲起柔软的身体，弯成"C"形。年龄越大的雄南象海豹越显得油腻笨拙，可能懒于打理，头面部和身上都脏兮兮的，难免让人"敬而远之"。

雨越下越大，离南象海豹不远的黄嘴针尾鸭们欢快地抖动着翅膀，它们的眼睛里闪烁着欢悦的光芒。小鸭子们与世无争的淡然与莫尔特克港的宁静相得益彰。

▼ 黄嘴针尾鸭

人类对海豹的影响

南极大陆及边缘，主要有 5 个品种的海豹：南象海豹、大眼海豹、食蟹海豹、威德尔海豹、豹形海豹。不管是海豹还是其他海洋动物，人类的过度猎取，导致它们的生存现状越来越难。

▼莫尔特克港的海豹

13

王企鹅生死场——黄金湾

▲ 群聚的企鹅

离开莫尔特克港之后，雨渐渐停了，给下午登陆黄金湾创造了良好的天气条件。黄金湾实际上并无黄金，只有看上去犹如黄金的矿石——硫化铁矿石。

在黄金湾沿岸，密密麻麻站满了王企鹅、阿德利企鹅和南象海豹，总数约达2.5万只。我们的冲锋艇实在无法登陆，沿岸看了一圈，探险队员才找到相对空旷的滩涂。为了不惊扰动物们，我们悄悄地上了岸。

由于这里没有徒步的行程，我们只好待在原地观察身边的动物。大家的目光很快就集中在一只卧在地上换羽毛的小企鹅身上，只见它无精打采、病恹恹的，周围有巨䴓跑来跑去，我们真怕它遭遇不测。后来，它慢慢站起来，走到

▲ 王企鹅　　　　　　　　▲ 巴布亚企鹅　　　　▼ 生病的小企鹅

75

了其他成年企鹅身边，大家才松了一口气。

　　和企鹅一起站在黄金湾的沙地上，我没觉得自己很高大，因为成年王企鹅全都在 1 米以上。看着比我矮不了多少的王企鹅走来走去，我好像也成了一只置身其中的企鹅。

　　王企鹅与巴布亚企鹅、帽带企鹅（也叫纹颊企鹅）的脚都不同。王企鹅的脚是黑色的，比较厚实，孵蛋时，会用脚托住蛋；而巴布亚企鹅、帽带企鹅都是直接用腹部孵蛋的，它们的脚分别是橘红色和浅粉色的。所以，不用看企鹅身体，只要看什么颜色的脚丫走过来，就知道是什么企鹅来了。

　　地球上约有 18 种企鹅，南极附近有 8 种，它们是帝企鹅、王企鹅、阿德利企鹅、巴布亚企鹅、马可罗尼企鹅、南跳岩企鹅、帽带企鹅、麦哲伦企鹅。遗憾的是，此次南极之行，我只近距离观察到了其中的 4 种。

　　有企鹅的地方，一定有棕贼鸥。棕贼鸥，其实也是鸥的一种，只是它们的食物都来自于"抢劫"，于是名字也就带上了"贼"字。棕贼鸥长得并不丑，它们一身褐色的羽毛，羽毛上带有白斑，黑

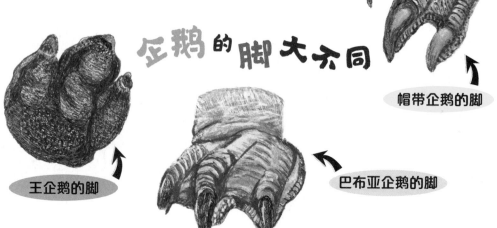

企鹅的脚大不同

帽带企鹅的脚

王企鹅的脚

巴布亚企鹅的脚

帝企鹅

帽带企鹅
（纹颊企鹅）

王企鹅

巴布亚企鹅
（白眉企鹅）

南极附近的
8种企鹅

阿德利企鹅

南跳岩企鹅
（凤头黄眉企鹅）

马可罗尼企鹅
（长眉企鹅）

麦哲伦企鹅
（南美企鹅）

色的眼睛炯炯有神。如果它们是勤劳捕食的话，也不至于被人定义为鸟类里的"贼"了。它们偷企鹅蛋，掠食小企鹅，有时还会抢夺科学家野外考察时带的饭。如果不给，它们就会向人俯冲下来，并发出怪叫，吓跑人之后，再抢走食物。

　　棕贼鸥在海上飞行时也是这样，总是从别的海鸟嘴里夺食，迫使其他海鸟吐出食物，让它们大快朵颐。说它们是"贼"，真是名副其实。然而，这些"贼"也是南极的免费清洁工，它们把考察站附近的残羹剩饭一网打尽，甚至还会"清理"垃圾，只是不清楚这些垃圾是否有害。如果棕贼鸥因误食垃圾而产生不幸，并波及繁衍，那将成为南极的灾难，因为南极少不了大自然的清洁工。

　　在黄金湾，我见过一只受重伤的王企鹅，前胸处碗大的伤口已

▲ 时刻准备夺食的棕贼鸥

▲ 受伤的王企鹅

经露出内里的肉，鲜红的血变成酱色残留在白色的胸口，伤口不再流血，但难以愈合。这只企鹅闭着眼睛仰望天空，好像在祈求帮助。那一刻，阳光正好照射在它的身上，它一动不动，就那样任凭阳光把有限的温暖包裹在身上。大批新生的王企鹅，站在受伤的王企鹅的前后，似乎已经司空见惯，或许它们已经学会坦然面对死亡。

生死场就这样把鲜血淋漓的伤口撕开给人看。这里不乏美景，远处雪山峭立，近处碧海蓝天，可爱的幼小生命正在茁壮成长。但是，你不知道这些鲜活的生命明天会遭遇什么，一切都是未知的。

自然探索就是生命教育

站在几万只、几十万只动物面前，你会是什么感觉？我们比它们聪明，我们手里握有武器和装备，我们拥有丰盛的食物和渊博的知识，而它们一无所有，甚至还要时时躲避天敌的追击。但是人类也是动物，我们和它们的生命都仅有一次。面对生死，我们更能理解生命的意义。

▼ 黄金湾的企鹅小伙伴

79

14

南极的魔海——威德尔海

▲ 威德尔海上的食蟹海豹

三天的航海日，天气越来越不好，灰色的大海两边是阴沉的冰川，海面上浮冰涌动，海风吹奏着"魔曲"，仿佛在告诉我：你已经走进了南极的魔海——威德尔海。

威德尔海属于南大西洋的一部分，南临南极半岛，面积约 280 万平方千米，是南极洲最大的边缘海。海面上大块的浮冰像漂浮的船只，出现在我们的船的两侧。

这片海以英国探险家和猎海豹者詹姆斯·威德尔（James Weddell）的名字命名。他于 1823 年 2 月 20 日乘"珍妮号"帆船，从南奥克尼群岛出发，向东南方向航行，最远到达南纬 74° 15′，西经 34° 17′。1900 年，为向他表示

▲ 威德尔海上的动物们

敬意，这片海域用"威德尔"命名。

　　南极的夏天，冰流经常携带着大小浮冰聚集在这一带，密密麻麻的浮冰相互挤压，逐渐形成冰山和冰墙。船只行驶到这里，会被突然漂过来的冰山撞击，毫无躲闪的余地，惊天动地的碎冰碰撞之声足以令人"望冰丧胆"。假如这时遇到幸运的南风，那就能逃离碎冰的围追堵截，顺利到达南极大陆。如果是刮北风，那真是糟糕透顶，冰块会粘在船身的周围，困住船体，就像沙克尔顿当年的遭遇一样，

▼ 威德尔海上的浮冰

▲ 坐浮冰去旅行的企鹅们

需要在冰海里等上一年，到第二年夏天冰融化，才能逃出。但是，探险船一般不会携带足以支撑一年的物资。而且，随着冰山的不断撞击，船只随时都有可能倾覆冰海。1914 年，英国的探险船"英迪兰斯号"就被威德尔海的流冰所吞噬。

全世界大洋底部的冷水有一半以上来自南极海域，其中大部分来自于威德尔海。威德尔海这片海域有丰富的磷虾，引得企鹅、食

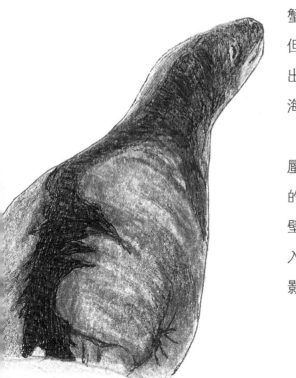

蟹海豹、威德尔海豹、海燕纷至沓来。但是凶险也在其中，"海上屠夫"虎鲸神出鬼没，时不时地蹿出海面，不仅吞噬海豹和企鹅，也威胁到船上人类的安全。

玄幻迷离的极光和瞬息万变的海市蜃楼，让魔海屡次出现虚幻之境。洋流的流冰群周围，可能瞬间出现陡峭的冰壁，整艘船会被冰壁围得结结实实，陷入绝境。然而冰壁一下子又会消失得无影无踪，让人目瞪口呆。有时，船只本

▲ 浮冰上的食蟹海豹

来在正常航行，却突然飞向冰山的顶峰，惊得船员和乘客魂飞魄散，一旦船长操作失误，船只很有可能倾没冰海。

在威德尔海，就算是灿烂的晚霞，也不一定是美景。金色的冰山一分钟之前还倒映在海面上，静默安详；一分钟之后，冰山就会变成一座铜山，向船只猛然砸来。这都是虚幻之境带给人们的惊恐。在威德尔海航行，我深刻地感受到：与大自然相比，人类渺小得不值一提。

如果看过电影《泰坦尼克号》，那你就不会忘记 1912 年 4 月 14 日 23 时 40 分左右，当时世界上最大最豪华的英国游轮"泰坦尼克号"在北大西洋与一座冰山相撞，2 小时 40 分钟后，"泰坦尼克号"船体断裂成两截，沉入大西洋底。

"泰坦尼克号"为什么会沉没？历史上有过多种分析。

英国历史学家蒂姆·马尔汀（Tim Maltin）查找了当时的

你们是在看我吗

83

天气记录、生还者证词，以及长久以来被遗忘的航海日志，才发现，当天晚上，事发海域形成超折射，光线发生异常弯曲，从而形成了海市蜃楼。这一现象，当时在附近海域的几艘轮船也都有记录。马尔汀认为，海市蜃楼使"泰坦尼克号"上的瞭望台没能及时发现冰山，也让货轮"加利福尼亚号"无法识别出"泰坦尼克号"，因而没能及时营救。

冰海行船，不知道下一秒是怎样的。就像探险队长雅恩常挂在嘴边的一句话：不到下一秒，我不知道会出现什么情况。一切都不是以计划为准，而是以南极的天气为准。

我站在"星辉号"的甲板上，眼前一片冰海茫茫……我们的海上钢琴师尼基塔（Nikita）默默地在大客厅的白色钢琴旁，一首接一首地弹奏着浪漫的乐曲，悠扬的琴声在空气中传播，我默默坐下，在风浪中随音乐远航。

▼ 威德尔海上壮观的冰川

▲ 威德尔海上壮观的冰川

人类是渺小的

　　当人类面对大自然的时候，无论是处在威德尔海这片南极魔海，还是走过百慕大"魔鬼三角"，那些神秘的自然力量经常让人闻风丧胆。和大自然相比，人类是渺小的，甚至科技的力量也无法与大自然抗衡。尊重自然、与自然和谐相处，是人类唯一的选择。

15

食蟹海豹和威德尔海豹

在南极的海豹里，我最喜爱的是食蟹海豹和威德尔海豹，因为这两种海豹不吃企鹅，而且长相清秀，举止优雅。

12月初，最让我开心的是，在威德尔海的浮冰上，可以看到身材修长、皮毛上带有长条斑纹的食蟹海豹。它们从一只，到两只、三只或六只、七只不等地聚在一起，悠然自得地躺在浮冰上。有的食蟹海豹伤痕累累，满身留下了愈合的疤痕，有的还暴露着暗红的伤口。这些或许是逃脱天敌虎鲸时留下的伤疤，或许是海中垃圾给它们造成的伤害。

食蟹海豹实际上并不爱吃蟹，而是吃南极磷虾长大的。它们的头骨短而轻，嘴和脸比其他海豹要长，身体有着洁净而柔和的浅灰色，体背和侧面常有大的

▲ 正在玩耍的食蟹海豹

褐色斑点。叫锯齿海豹更能代表它们的特征，因为它们的牙齿非常
独特，像锯齿一样。

食蟹海豹也是全世界数量最多的海豹，80% 分布于南极。它们
不仅性情温和，而且头脑聪明。大部分时间都趴在冰块上，不仅能
躲避水下的天敌，还能随冰漂流，抵达南极各地。

有科学家观测过，横卧在冰上的食蟹海豹，能轻松地滑进海里，
等喂饱了肚子后，再爬上冰休息，避免在接近冰点的海里受冻。它
们用这样的方式旅行，短短几个月，可以漂流大半个南极，吃到不
同海区的磷虾。

威德尔海豹是用英国探险家詹姆士·威德尔的名字命名的。它
是一种极古老的生物，有"活化石"之称，是哥伦布在"新大陆"
发现的最早的海豹。它们与其他海豹不同的是，背部体毛是黑色的，

▲ 懒散的威德尔海豹

而其他海豹的体毛一般都是浅灰色的。

威德尔海豹是潜水能手，能潜到水下 600 米，并且逗留 1 小时，其他海豹只能甘拜下风。威德尔海豹的脑袋小巧，身体灵活，这可能是威德尔海豹能深潜和长潜的奥秘之一吧。

然而，海豹是哺乳类动物，它们必须找到呼吸孔来换气，冬季的海冰坚硬无比，威德尔海豹依靠锋利的牙齿啃冰钻洞，然后伸出头来进行呼吸。如果不能咬破冰层，威德尔海豹就危险了。为了防止冰洞因酷寒被封住，威德尔海豹需要不断地用牙齿去凿冰，因此有时它们的身体会被坚冰划破，留下深深的伤痕。

威德尔海豹的牙齿是所有海豹中最厉害的，唯有它们可以咬碎坚冰，但也因此磨损得最快。当威德尔海豹的牙齿磨平了，磨短了，磨掉了，再也不能进食，就只能饿死。因此，威德尔海豹只能活七八年，有的仅活三四年就命殒大海。

在极夜时，威德尔海豹只有躲进南极洲冰层下面的洋面，依靠厚厚的冰层来阻隔南极地区的暴风雪，获得庇护。

夏天是它们最喜欢的季节，雌威德尔海豹会到冰面上去生产，它们再也不用损伤牙齿去开凿用于呼吸的冰洞。

海豹们洁净而温和，以乌贼和磷虾为食，却是虎鲸经常寻找的对象。这些肉食鲸一旦发现它们，就集体围攻，掀翻冰块，让威德尔海豹掉进海里，然后分而食之。

从不言弃的百兽

观察自然之后，你会发现，动物生存比人类艰难百倍。它们不仅要靠自身的强壮在大自然的筛选中胜出，还要躲避天敌的进犯，谁也不知道哪一刻就会惨死它口。虽然生存环境如此恶劣，但动物们都没有退缩。它们努力拼搏，拼尽全力只为活下来，获得延续后代的机会。

▲ 悠闲的食蟹海豹

16

南极的鲸类世界

布朗断崖是一座高745米的断崖，是南极半岛的制高点，平顶的冰帽覆盖着死火山。100万年前，想必这里是冰与火交融的壮观景象。现在这里已经变得沉寂了，最活跃的要数居住在这里的阿德利企鹅和巴布亚企鹅，它们快活地在这里筑巢繁衍，完全活在世外桃源的样子。

遗憾的是，我们没有登陆布朗断崖的计划，不得不与阿德利企鹅失之交臂。

海峡上开始出现巨桌般的冰山，这些来自威德尔海冰架上的大冰块被洋流带到了这里。探险队员告诉我们，能看到的海上浮冰只是浮冰的1/10，另有9/10都在水下，因此在驾驶船只时要特别小心，否则就会像"泰坦尼克号"

▲ 座头鲸的尾鳍

一样，撞上冰山。

和冰山一样壮观的，是时常浮出洋面的鲸。

在南极，我多次看到的都是座头鲸。座头鲸脾气温和，它们不仅伙伴之间友善，对寄生动物也十分友好。当它们扬起尾鳍的时候，我们总能看到寄生在它们身上的藤壶，还有许多带"吸盘"的小生物。这些寄生生物加起来就有半吨重，但是座头鲸与它们和谐相处，组成了一个小的生态圈。

每次遇到座头鲸，我们都激动不已，生怕错失看它们尾鳍上扬的机会，然后默默地等待它们的飞跃。

鲸鱼飞跃是非常令人期待的场景，十几米长、几十吨重的巨大海洋动物，因跳跃而溅起的水花高达十几米，场面非常震撼。

拿座头鲸来说，它跳跃一次所用的力量相当于举起近 500 个成

▼ 下雪时，双鲸出现，它们喷出的气体好像蒸汽

年男子（平均体重大约为65千克）的重量。最大的座头鲸体长近18米，体重可达35吨。这样的海洋巨兽在海上进行飞跃，那是多么壮美的景象！

遗憾的是，此次南极之行中我没有看到鲸鱼的飞跃。不知道是南极水域的寒冷让座头鲸没有兴致玩耍，还是因为这里主要是鲸的进食场所，它们不愿带着孩子们在此交流。

探险队员在鲸鱼的专题讲座中，为我们介绍了地球上的鲸类现在的情况。

鲸目分齿鲸和须鲸。齿鲸口中有齿无须，种类较多，有70多种，它们以群居的方式生活在固定的海域，社会性强，采用回声定位法来捕食大型海洋生物，例如抹香鲸、虎鲸、海豚、鼠海豚等就是齿鲸，它们以鱼、无脊椎动物和其他哺乳动物为食。须鲸没有牙齿，只有十几种，个头都很大，体长一般15—30米。它们每年迁徙洄游，以小型的海洋生物为食。

须鲸中最大的是蓝鲸，它们最长的有33米，最重的有180吨。蓝鲸在全球都有分布，其中南极蓝鲸属于蓝鲸南部亚种，一般寿

▼ 座头鲸的尾鳍

命可达 50 岁，最高的可达 100 岁，但是近年来它们的数量下降了 31%。

第二大的是长须鲸，寿命可达 90—100 岁。由于商业捕杀，它们已被列为濒危物种，据 1997 年统计仅剩 3.8 万头。

小须鲸是至今为止遭到人类捕杀最严重的鲸类，日本每年杀死数百条，尽管 1986 年开始已经禁止商业捕杀，但是日本仍以研究为名猎杀小须鲸。南极小须鲸只在南极有，它们的数量也在逐年下降，但因缺乏数据，无法被认定为濒危物种。

虎鲸主要捕食小须鲸、企鹅和海豚，社会性强，以家庭为单位生活，孩子永远和母亲生活在一起。南极有三种虎鲸，它们互不交配，各有各的方言。2017 年，虎鲸被列入《世界自然保护联盟濒危

▼ 在鲸背上跟飞的小海燕

红色名录》。

　　很像海豚的南瓶鼻鲸是潜水高手，可潜至 1000 米深处，极少出现于水深不到 200 米的海域，所以人们很难见到它们。温文尔雅的南露脊鲸因受到保护，数量有所回升。塞鲸的数量曾因商业捕鲸活动严重下滑，到 2018 年数量虽有所恢复，但仍被认定为濒危物种。

　　座头鲸的生存状况算是比较好的，它们是好奇心最重的鲸类，经常跃出海面观察渔船，所以人们经常遇到座头鲸。

　　保护鲸类的意义在于，一是鲸类的粪便富有营养，氮、铁的含量高，这是海里藻类的重要营养来源，鲸类游动时，也会把海底的营养物质带到上层，藻类得到营养后可以释放大量的氧气供人类呼吸。二是鲸类死后被称为"鲸落"，它们沉到海底，成为一个巨大的营养供体，数以百计的生物靠鲸类的尸体生存，形成长达几十年的良性生态圈。

▲ 小座头鲸和它的母亲

自然思考

地球不能没有鲸

鲸是拥有很高智商的高等脊椎动物，对地球有着巨大的贡献，却仍然无法摆脱濒危的现状。海水的污染，海洋垃圾的剧增，船只和渔网的侵扰，都威胁着鲸的生命。我们能为它们做些什么呢？

17

这就是南极

▲ 正在海上飞翔的巨鹱

航海日有浮冰时，多数情况没有海浪，当浮冰和海豹都不见了的时候，海上就开始狂风大作。即便是晴天朗日，大海也像是蹦床一样，时而把船送上浪尖，时而把船推向谷底。桌子上的东西一阵东倒西歪，哗啦啦地往下滚。这时我跟着"星辉号"的节奏摇摆，就不会晕船。

在做航行通报的时候，探险队的拉斐尔把未来几天的天气情况预报了一下：根据风向图显示，从明天早上6点开始，将有很大的风。听到这里，大家都苦笑不已。因为从航海日开始，风浪就已经把半船人摇得下不了床了，来听航行通报的人都少了2/3。拉斐尔和大家开着玩笑："大家在风浪里过得还好

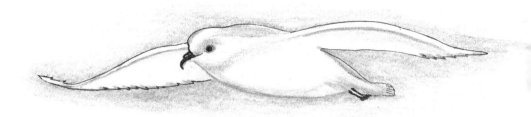

吧？这还不算是最糟的，这就是南极。"

　　我对海浪多半持游戏心理，也许是因为遗传了我父亲战斗机飞行员的适应能力。随风浪摇摆，就是"乘风破浪的姐姐"不晕船的经验。日光极好，我没有理由把时间浪费在床上，于是抄起相机，打开通向甲板的门，摆开双腿稳稳地站在甲板上，又开始用相机追逐海燕。

　　我把相机的感光度开到最小，对准了在白色浪花中嬉戏的海鸟。海浪飞溅的水花在强风的劲吹下喷射成散状的水雾，花斑鹱成群结队地在水雾中穿行，它们看到浪峰形成之后，就像玩滑板一样蜂拥而上，浪谷出现后，它们又瞬间扭转方向冲向另一个峰顶。忽然，

97

远处洋面上，一个雪白的影子滑入蓝色的波涛中。那不是雪海燕嘛，今天终于等到它了！

雪海燕就是雪鹱，又名南极雪海燕、雪圆尾鹱，它们像圣洁的精灵一样，驾驭着风暴，滑翔着进入我的视野。雪鹱除眼睛前面和喙为黑色、脚为蓝灰色外，通身雪白，飞翔在蓝色的海洋上空，分外醒目。

其实，羽毛或皮毛的色彩是由基因决定的，不论什么颜色，都是为了更好地适应生存的环境。

雪鹱的外形很像鸽子，也有人叫它们南极雪鸽，它们是鹱形目的鸟类，是南极最美丽的海鸟之一。雪鹱一年四季都栖息在南极大陆边缘及岛屿上，活动在有浮冰的海域，从不迁徙。它们是地球上所有鸟类中繁殖区条件最恶劣、巢区分布最靠南的海鸟，习惯躲在岩洞里繁育宝宝。

鹱形目的鸟类都是擅用气流的高手，它们能够借助风的力量在暴风雨中滑翔，在浪间穿梭。雪鹱不会成群出现，它们总是形单影只，独自戏浪，别有一种骄傲。

看雪鹱飞翔在浪峰和浪谷间，我手中的镜头始终不离它们的运动轨迹，无形中也在跟着它们一起飞翔。我们一起从浪峰

▲ 银灰暴风鹱

滑向谷底，那溅起来的浪花在刺
眼阳光的直射下，如碎银般纷纷
落在翅羽之间。随即洋面平滑地拉
开，像一面巨大的刺绣作品，海水
也变得像瓷器一样，呈现出润滑光亮
的天青色。

　　海角鹱和花斑鹱经常成群出行，它们有自己的编队。看着它们
在海浪中如飞机检阅似的飞过，真是佩服它们的协调能力和合作精
神。阳光下，海角鹱和花斑鹱的倒影落在大海的白色泡沫中，好似
镶嵌着蕾丝花边的绣品。

　　越往南极大陆的方向行驶，巨鹱和信天翁这样大型的鹱形目鸟
类越少。寒冷的海域上，身体较小的雪鹱、花斑鹱、海角鹱和鸽锯
鹱成了主角。

　　由于过去两天风力太大，船不敢开快，只能缓行。探险队长说
第二天中午 12 点风浪将达到最大，到时候会出现 10 多米高的海浪，
所以冲锋艇不能下海，无法在南设得兰群岛登陆。于是，我们临时
改变行程，去往更北的拉可罗港。

南极大陆是最难接近的大陆

南极大陆与其他大陆不仅相距遥远，周围还被数千米乃至数百千米的冰架所环绕。冬天时，浮冰的面积可达1900万平方千米，即使在夏天，其面积也有260万平方千米。此外，南极大陆周围海洋中还漂浮着数以万计的巨大冰山，给海上航行造成了极大的困难和危险。正因为如此，直到19世纪南极才逐渐被人类了解。

▼ 鸽锯鹱编队

18

风雪交加的拉可罗港

▲ 科考队员的卧室

经过三天在风浪里的航行，我们终于到达了南极洲。

南极洲由大陆、陆缘冰和岛屿组成，总面积 1405.1 万平方千米，平均海拔 2350 米，是世界上平均海拔最高的洲。进入南极洲之后，映入眼帘的便是被寒冰覆盖的白色世界，海上漂浮着冰山，陆地上除了冰盖就是山峰。

我们乘坐冲锋艇来到了登陆点——

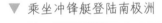
▼ 乘坐冲锋艇登陆南极洲

拉可罗港。这个天然海港坐落在维恩克岛西海岸，此刻正飘着鹅毛大雪，显得神秘而又宁静。

天然港总共 800 米长，岛上面积只有 1 平方千米。因为地方小，每次登陆不能超过 60 人，只有等 60 人离开后，下一批登岛者才能坐冲锋艇靠岸。

岛上最著名的建筑就是英国考察站，依我看来，那是具有后现代风格的建筑。红色线条的屋檐，镶着红边的白框窗户，让拉可罗港在白色世界中有了些许活力。

拉可罗港是 1904 年被探险者发现的，1911 年至 1931 年这段时间，成了捕鲸人的聚集地。

第二次世界大战时，英国用拉可罗港作为军事基地，监视德国在南极的行动。1962 年，这个考察站因为没有军事利用价值而荒废了。

曾经的英国考察站内部有客厅、卧室、厨房等，各处搭配着不同的颜色，有天蓝色、草绿色、奶黄色、乳白色、巧克力色等。在

▲ 厨房　　　　　▲ 餐厅　　　　　　　　　　　　▲ 信箱

这样一个孤寂的岛屿上工作一个夏季，会让工作人员备受考验，而把色彩心理学用在这里，独具意义。房间里整齐地摆放着有年代感的杂志、图书、调料和餐具等。每一个走进这里的人，都有时光倒流之感。

这个考察站由英国的南极遗产信托基金会管理。每年夏季都会有工作人员来此。

如今，根据英国的提议，《南极条约》协商会议通过，拉可罗港被认定为历史名胜遗址。英国南极遗产信托基金会在此调查收集有

请别打扰我孵化宝宝

关南极的数据，包括旅游业对企鹅的影响等。

目前，岛屿的一半对游客开放，另一半则保留给当地真正的"原住民"——企鹅。

在考察站的周围，居住着很多巴布亚企鹅，它们是考察站的邻居。我们进出考察站的时候，经常能听到它们为争夺一颗小石子而发生

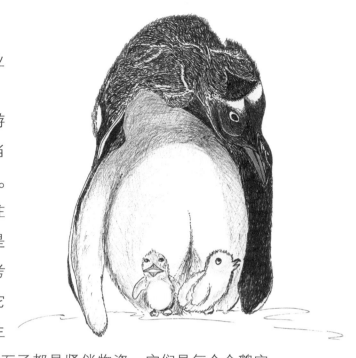

喧哗的争吵。在这个地方，石子都是紧俏物资，它们是每个企鹅家庭财富的象征，因为石子可以用来筑造孵化企鹅宝宝的巢穴。筑造

▲ 捡石子的企鹅

▲ 争夺石子的企鹅

▲ 传递石子的企鹅　　　　　　　　　　　▲ 因石子而争吵的企鹅

的巢穴越高越坚固，巴布亚企鹅宝宝们就能得到越多的温暖。

巴布亚企鹅像老母鸡孵蛋那样，用温暖的肚皮来孵化宝宝。因为孵化的时间长达 8 个月，所以很多企鹅原本洁白的肚皮在孵化过程中都染上了石头和青苔的颜色，看上去脏兮兮的。

一般来说，企鹅夫妻会轮流孵蛋，每两三天换一次班，没轮到孵蛋的就整理巢穴，捡拾或争抢石子。这时候，邻居间的争吵就开始了。有时候，即便没有争抢石子，企鹅们也会对路过的那些"潜在抢夺者"大喊大叫，以示警告。

有爱争抢的企鹅，也有忠诚又绅士的企鹅。它们不争不抢，却想给妻子献上心爱的石子，于是不顾劳累，远涉到海边去捡鹅卵石。虽然在大雪纷飞的雪地上行走困难，摔倒也在所难免，但是它们不畏艰险，勇往直前。企鹅们这种为爱、为家而辛勤努力的样子，真是叫人感慨。

雪下个不停，白雪把整个拉可罗港覆盖得严严实实。在向山峰行进的小路上，四周散射着暗蓝色的雪光，港湾里幽暗、深蓝的海水像一锅黏稠的染料，显得安静祥和。远处的座头鲸在"染料"里翻滚着身体，不时甩出具有身份象征的尾鳍，幽幽地散射着蓝光。

自然思考

保护环境，人人有责

2022 年 3 月，地球的两极几乎同时出现高温天气，南极部分区域的气温较往年同期平均水平高出 40° C，而北极则高出 30° C，这让全球研究气候的科学家们感到震惊。当前，全球变暖已成为不争的事实。如果气温再度上升，两极冰川融化，后果将不堪设想，人类也将不复存在。保护地球，保护环境，是每个人刻不容缓必须要做的事情。

▼ 拉可罗港

19

天堂湾逼疯科学家

▲ 狭窄的利马水道

　　天堂湾是南极最美的地方，位于南极半岛海湾前部的冰川上，处处晶莹剔透，闪耀着水晶般的光芒。

　　如今，冰川崩塌，形成了很多冰山，这些冰山漂浮在平滑如镜的海面上，千姿百态，具有很强的视觉冲击效果。乘冲锋艇畅游冰海，犹如进入了冰雪奇幻世界。从拉可罗港出来后，我们到了利马水道。利马水道长 11 千米，宽度仅约 1600 米，据说最狭窄处宽度仅约 800 米。进入利马水道后，两岸景观壮丽，航道上方群山高耸，最高的山峰超过 300 米。如果天气晴朗，利马水道会呈现 360° 的镜面折射效果：一边是峭壁和冰川，另一边是南极大陆变幻莫测的空灵之美。

可惜，我们遇上了阴天，看不出景色的壮阔，只有大船在峭壁之间行驶的压迫感。冰峰高耸，其气势之雄伟，形态之诡异，让人不由得对自然产生敬畏之心。

天堂湾一直在下雪，这里是南极半岛中一个三面环山的湾口，由于地理位置优越，在暴风雪来临时，这里依旧风平浪静，所以过去常被作为捕鲸人的避难港。悬崖上的岩石富有铜矿，使得附近的冰川呈现出蓝绿色的光芒。和煦的气候让地衣和苔藓蓬勃生长，橘色的地衣、绿色的苔藓点缀在白雪中，好似在向我们展现生命的美丽和顽强，大自然是那样神奇！

天堂湾是座头鲸喜欢巡游的地方。它们庞大的黑色身躯像潜水艇一样时而露出海面，时而沉入水中，尾鳍上滑下的水珠就像一面

▼ 被独有的苔藓装点的天堂湾

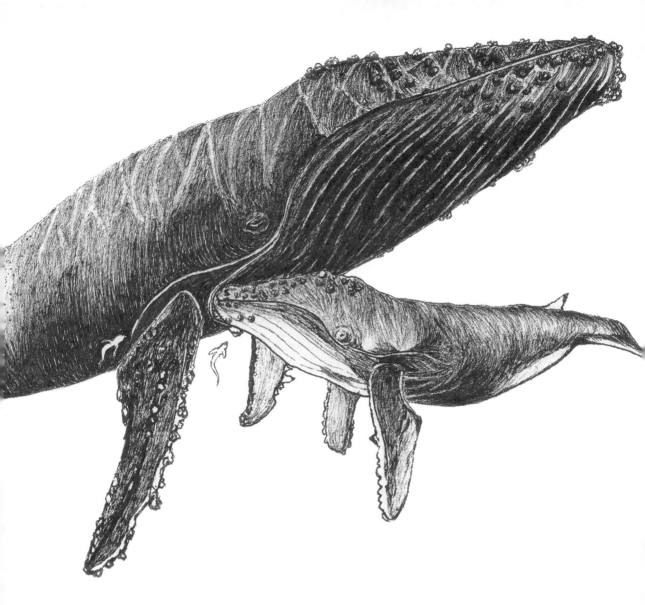

▲ 尾鳍上的不同斑纹是座头鲸独特的标识

壮观的瀑布。

记得有一个航海日，座头鲸正好从我的房间外面的船舷旁游过，山一样高的脊背露出海面，仿佛我一伸手就可以摸到。一瞬间，四周万物仿佛都停止了运动，几秒钟之后，巨大的"黑山"又潜入洋面，游向远方。近距离地目睹鲸，并和它擦身而过的感觉，就像是让自己的心灵做了一次洗礼，那一刻，心中纯净得无与伦比。

　　天堂湾的登陆点是阿根廷的布朗考察站，现在，只有遇到特殊情况，考察站才会启动工作。为什么会这样呢？这里还有个小故事。

　　天堂湾的考察站原来叫作"布朗海军上将站"，考察站的内科医生因为无法长期忍受毫无人烟的孤独，在某一个冬季到来前疯了似的点了一把火，把考察站烧为灰烬。

　　虽然我们总是向往诗和远方，但是真把人抛向远方，人可能会因为无法长期忍受孤独而发狂。

　　每个人心目中的天堂都是不一样的。有人说它是图书馆的模样，

▼ 天堂湾

111

有人说它是宫殿林立、仙女如云的城堡,有人说它是祥云萦绕、存放仙丹的殿堂。其实,天堂不远,它就是每个人的内心。

我站在空无一人的雪坡上,望着巨大的雪山,再看岸边的企鹅,想象着我可以在考察站里做些什么。

宝贝,我们企鹅是不怕冷的哦

自然思考

在南极工作的科学家们

在南极科考站的科学家们要经历半年的极夜冬季，寒冷和暴风雪使得他们只能待在狭小的工作间，因为户外的勘测极具风险。他们必须有良好的适应力和耐受力，还要有良好的心理素质。于是他们会举行各种比赛，开展各项娱乐活动。总之，没有强大的心理素质和乐观的心态，是无法在南极工作的。

▼ 天堂湾雪坡上的企鹅

20

"睡美人"——库佛维尔岛

▲ 乘坐冲锋艇前往库佛维尔岛

库佛维尔岛处在南纬 64° 40′、西经 62° 37′，帝企鹅分布在南极大陆南纬 66°—78.5° 的地方，这次我们没能走进帝企鹅的领地。

库佛维尔岛终年积雪，来到这里的时候虽然是南极的夏天，但阴晴不定，经常是东边日出西边雪。水墨画一般的山峦，倒是给摄影增添了不少乐趣。

1897—1899 年，比利时探险家阿德里安·德·热尔拉什 (Adrien de Gerlache) 率队来到这里，他用法国中将的名字命名了这个岛。非常有趣的是，热尔拉什当时率领探险队前往南极探险的时候，在甲板上眺望大陆沿岸，竟然把帝企鹅看成了人。他沮丧地判断：这恐怕是竞争对手"南十字座"探险队的人已经领先到达了。实际上，英国的"南十字座"探险队第二年才来到库佛维尔岛。

1898年，热尔拉什到达南纬71°30′的时候，被浮冰困住，他们只能随冰漂流，在船上度过了冬天。在极其艰难和危险的境地下，他们仍进行了大量的科学考察。

南极洲岛屿特别多，我觉得库佛维尔岛是南极洲最美的岛屿之一，它就像是一个冰清玉洁的睡美人，横卧在冰海中。岛上的7000对巴布亚企鹅与南极的冰山构成了独特的风景。海面上的冰，呈现着南极特有的通透感和神秘感。

浮冰各具姿态，有的如凝脂般顺滑，就像一个巨大的冰激凌；有的凹凸有致，就像冰海上的睡美人；更多的是在撞击中形成壮观而不规则的形状。

冰的颜色不同，"身世"就不同。那些白色的冰，来自于海水冰冻后形

爸爸妈妈的肚子好温暖

▼ 库佛维尔岛的冰山

▲ 失去了蛋宝宝的企鹅妈妈很伤心，一旁的企鹅爸爸在安慰它

成的固体；蓝色的冰，是冰川崩塌后被洋流推到了这里；看上去透明而带有一丝黝黑的冰，是来自于十几万年或几十万年前的黑冰。

大洋上经常漂来各种"冰船"，巴布亚企鹅有的是独自站在一块浮冰上，有的是结伴站在大块的冰榻上，它们仿佛坐着"冰船"去旅行，让我们羡慕不已。

企鹅之所以让人产生由衷的喜爱之情，在于它们的肢体语言可以和人类达到相互理解的程度。

在冰崖边，我看到一对恩爱的巴布亚企鹅。妻子因为自己的蛋宝宝被棕贼鸥偷走了，一脸的绝望和忧伤，站在背后的企鹅丈夫上肢搂抱着妻子，用嘴贴着妻子的后脑勺。这两只企鹅的情态让我看得入情入境，好像完全知道它们的故事，听懂了它们的对话："别伤心，我们还会有孩子的。"然而，丈夫的话，不足以抹掉妻子心中的失子之痛。

此刻，冰坡的另一边，一只棕贼鸥正开心地吃着今天的第一顿加餐点心——一只快孵化成形的小企鹅。看着棕贼鸥嘴角滴下的鲜血，我冲动地想要为企鹅母亲"两肋插刀"。

▲ 正在吃企鹅蛋的棕贼鸥　　　　　　　▲ 被盗走的企鹅蛋

　　但是在南极，人类没有权力干涉动物的原生态。因为人类的一个小举动，哪怕看似是善意的，也会给动物种群带来灾难。它们可能会因人类的一次干预而改变自己的本能。

　　冰雪覆盖的库佛维尔岛上，时刻上演着企鹅的悲喜剧。由于雪实在是太厚了，企鹅母亲只能卧在雪中孵蛋，棕贼鸥也卧在雪地里等待机会。企鹅母亲只要稍微抬起身子，棕贼鸥就有可能把那些蛋抢走。

　　企鹅们忙忙碌碌地在雪地上艰难地走着，雪地上形成了无数纵横交叉的线条，好似我在伦敦的泰特美术馆看到的那些现代油画。

　　巴布亚企鹅们在雪中摇摇摆摆地前行，一副安于天命的样子。尽管资源有限，天敌凶悍，但它们永远活在当下，满眼的纯真与稚气，按照自然的节奏，走向生命的未知之处。

我是滑雪高手

库佛维尔岛上的景色

中国南极科考站

　　我国在南极已有四座科考站：长城站、中山站、昆仑站和泰山站，第五座南极科考站也在建设中。巍然矗立在南极"冰盖之巅"的中国昆仑站，是南极所有科学考察站中海拔最高的一个。在这里生活的中国科学家们为改善生活，利用恒温灯让农作物进行光合作用，种起了无土栽培的蔬菜，馋得俄罗斯的科学家们经常来蹭饭。

21

触摸『几十万年前的地球』

▲ 正在拍摄的我

纳克港位于南极半岛安德沃得湾的东岸，距离天堂湾所在的埃雷拉海峡 11 千米。纳克港的登陆点出奇地平缓，远处平地上有个凸起的小山包，旁边的小红房子上竖着阿根廷的国旗，这是 1949 年建的避难小屋，名为"弗莱斯船长"。是否有人曾经推开过这小屋的门？他又是谁？恐怕只有岛上的巴布亚企鹅知道了。

纳克港是探险家热尔拉什发现的，他用挪威的捕鲸船"纳克号"命名了这个港口。这样的命名在今天看来似乎是一种反讽，因为正是捕鲸船的到来，才使南极鲸类遭受涂炭，这些 20 世纪的捕鲸船对地球的自然生态造成了极大的损害。港口附近的冰川正在崩解，巨大

120

的轰鸣声仿佛质问着人们：南极的命运究竟会怎样？

瞬间，纳克港风向变了。刚才，雪山在蓝天和海洋的衬托下优美而圆润，冰清玉洁的世界纯美而安详；转眼，风开始往港口吹，海冰开始围拢过来，越来越多的浮冰出现在海港，冲锋艇根本不能行进，再待下去船恐怕也会被海冰围住。为了一船人的安全，船长果断地下达了起航的命令。

"星辉号"离开了纳克港的浮冰区。

探险队长召集大家去听气象报告。雅恩每时每刻都在根据天气和海冰的情况对行程进行调整，ABCD 四个方案，哪个安全就按照哪个执行。有的时候因为四处都有海冰，四个方案都无法执行，这时候，我们只能游弋在大海上，等待登陆的时机。

▼ "星辉号"驶向纳克港

我们还能去中国的第一个南极科考站——长城站吗?

很快,我们听到了广播,由于天公不作美,在乔治王岛西部的菲尔德斯半岛,十级狂风卷起惊涛骇浪,探险队长所做的四个方案,都无法实施。此刻长城站的第 34 和第 35 批探险科考队员正在进行工作交接,他们交接的工作量很大,而且站里接待旅行者的时间是周六和周日,我们已经错过了接待时间。到访长城科考站的计划被迫取消成了我们所有人的遗憾。参加过长城站的选址和建设的中国

地质学家刘小汉,听到不能登岛的消息,忍不住流下了遗憾的泪水。虽然科学家来南极的机会比普通旅行者要多,但也屈指可数。

"星辉号"向三一岛方向驶去,我们将在晚上9点进行冰海巡游。

等到巡游的时候,极昼的太阳已经快沉下海面了,夕阳把冰海照耀得如同一杯透明的柠檬茶。周遭冰山林立,零星的海豹和企鹅在冰

◀ 浮冰

▲ 手捧黑冰的我

上休憩、游玩。

　　浮冰漂浮在海面上，这是崩塌的冰川滑入海洋后形成的碎冰。颜色越蓝，说明冰存在的时间越久，有些如宝石般晶莹剔透的黑冰更是来自距今十几万年甚至几十万年前。在探险队员的帮助下，我们打捞上了一块黑冰。

　　黑冰，并不黑，而是由于光线照射，在海里看上去呈暗黑的色调。黑冰来自于冰川内部，冰川因为天气变暖融化或承受不住上层压力而坍塌，漂浮在洋面上，这样的黑冰

▲ 晶莹剔透的黑冰

123

▲ 深蓝色海水中的浮冰

捞上来以后可以直接入口，也可以做冷饮。经理亚历克斯兴奋地说："今天船上的每个人都可以到柜台免费领取由黑冰制成的冷饮，欢迎大家来品尝地球原始的味道。"

与其他冰不同的是，黑冰携带着十几万年或几十万年的信息。那时的雪堆积在地球南极冰盖的表面，大气中溶解的化学物质和气体一起被封在了冰中。几十万年过去，这些积雪被压在厚厚的冰盖下层，挤出了空气，成了质地紧密的结晶。将它抱在怀里，拥抱的不仅是冰块，还是地球的历史。把它含在嘴里，我品尝到了人类没有出现之前的水滴味道；我的肠胃里融进了几十万年前的信息，我和地球的过去用这样亲密的方式互问"你好"。

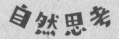

古老冰芯

　　俄罗斯沃斯托克考察站，在3000多米厚的冰盖之下，提取到了有56万年历史的冰芯样本。冰芯中包含的气泡能够保存古代大气的成分，科学家们通过分析冰芯可以了解地球数十万年前的气候状况。

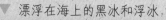

▼ 漂浮在海上的黑冰和浮冰

22

半月岛的帽带企鹅

▲ 帽带企鹅

半月岛坐落于利文斯顿岛东侧月亮湾的入口处，半月形的小岛仅有 51 平方千米。它不仅是 3300 对帽带企鹅的栖息地，也是南极燕鸥、棕贼鸥、黑背鸥、蓝眼鸬鹚的筑巢地。早上 7 点半，我们开始登陆半月岛，天气忽晴忽雪，船舷两边的景致都不一样，一边是大晴天，一边是下雪的阴天。

我们到达这里的时候，迎接我们的

▼ 捕鲸船残骸

是海岸边一条已经散架的小型捕鲸船。它是一条木船，能坐 6 个人左右。看木板风化的程度，应该已搁浅几十年了，不知道这条船和船主有着怎样的故事。试想下：6 个人驾驶这样的小木船去捕鲸，那会是一场怎样惊心动魄的肉搏战？

这是我第一次见到帽带企鹅。它们就像戴着一顶黑帽子，下颌处一道黑色的条纹，宛如一条帽带系在脖子上，它们由此得名。

帽带企鹅的性情既保守又浪漫，它们对婚姻忠贞不贰，若是配偶去世，另一方就会终身不娶或不嫁，这样忠贞的爱情真是让人感叹！

帽带企鹅是名副其实的小可爱，但是别小瞧它们，它们胆子很大，也很有侵略性，经常与其

▲▼ 帽带企鹅

我们是胆大的帽带企鹅

他企鹅发生冲突，甚至打斗。作为岸边的掠食性动物，因为潜水能力有限，它们主要以浅水区的磷虾和小型鱼类、甲壳类动物为食。

帽带企鹅主要生活在南桑威奇群岛、南奥克尼群岛、南设得兰群岛、南乔治亚岛等地，仅从外表是无法区分雌雄的。

帽带企鹅喜欢选择高高的风口作为它们的繁殖地，因为风可以吹走雪花，以防积雪，这样孵化更加安全。而帽带企鹅夫妻有厚厚的"羽绒服"保护，是不怕风吹雨打的。

但是，大胆的棕贼鸥可不老实，竟然当着帽带企鹅夫妻的面，直勾勾地盯着人家巢里的蛋宝宝，想找机会下手。看到这一幕，我的怜悯之心又忽地升腾起来，真想立刻赶走棕贼鸥！好在帽带企鹅夫妻及时发现了，用一阵大叫，把这只欲行不轨的棕贼鸥给吓飞了。

▼ 正在孵蛋的帽带企鹅和想偷蛋的棕贼鸥

▲ 在海边觅食的帽带企鹅　　　　　　　　　　　　　▼ 辛勤筑巢的帽带企鹅

129

目前，帽带企鹅没有种群危机，正享受着天地赐予它们的福祉。

极地阳光下的雪特别刺眼，登上半月岛时，不戴雪镜、墨镜简直不能睁眼。岸边陡峭的岩石上镶嵌着金色的地衣，让单调的世界有了一抹艳丽的色彩。

走在半月岛的海岸，厚厚的积雪几乎没膝，如果没有我们的到来，雪地上连生物的脚印都没有，平整得就像刚刚铺好的新床单。

爬过一个雪坡，来到一处静谧之地，正巧对面有一座雪山，我不禁想起古诗"千山鸟飞绝，万径人踪灭"，只是没有"独钓寒江雪"的老翁，而是有一只胖乎乎圆滚滚的海豹正躺在厚厚的雪被子上。

此刻，大雪无声，天地静穆，一阵风刮过，新下的雪被风撩起，在太阳的照射下，成了天空中飘飞的"银粉"，四野变得朦胧，轻柔的飞雪如万千精灵在跳舞……

把目光从远处收回，再看近处，有一只威德尔海豹正在雪地里酣睡，看它的姿态就能知道它有多舒心。

▼ 正在睡觉的威德尔海豹

无人的地方就是天堂吗

在南极，无人居住的岛屿呈现着自然本身自带的美好和宁静，动物们在食物链的定律下生死由天。没有商业性的捕捞和过度的猎杀，大自然正慢慢恢复生机。同样，在地球的任何地方，只要是人迹罕至的山林或高原，总有着欣欣向荣的自然景色。

▼ 在半月岛山顶上的我

131

23

独特的欺骗岛

▲ 登陆欺骗岛

南极大陆共有两座活火山，那就是迪塞普申岛上的火山和罗斯岛上的埃里伯斯火山（又译埃拉波斯火山）。

位于南设得兰群岛上的迪塞普申岛对我们来说名字很难记，但是叫欺骗岛、幽灵岛或奇幻岛，就容易被记住。

欺骗岛有着独特的马蹄形火山口，火山的历史可以追溯到 75 万年前。最近的一次喷发期发生在 1967 年到 1970 年间。1967 年、1969 年两次火山爆发，让岛上的科考站彻底化为灰烬。小岛充满了故事，叫它欺骗岛、幽灵岛，是因为它变幻莫测，时常被大雾遮蔽。20世纪初，曾有几个捕鱼人偶然发现雾中有个岛，可海水一涨，这个岛就不见了，欺骗岛、幽灵岛的名字由此而来。

有人给这个岛取了一个浪漫的名字——奇幻岛。

奇幻岛有着梦幻般的美丽景致，因为有火山，所以可以在雪地里"泡温泉"。这是世界最南端的温泉，如果有足够勇气，可以挑战一下斯塔湾（欺骗岛北端）的"海水温泉浴"，把手伸进火山灰中，还能够感受到地下的火热温度。

船从南极半岛驶来，进入了一个叫"海神风箱"的狭窄水道。这个水道的入口很隐秘，又极其狭窄，仅230米宽，并伴随着吹过海峡的强劲大风。船行驶到这里，对船长来说是极大的考验。但是，船只要顺利通过入口，进入"风箱"中，就平稳安全了。欺骗岛的群山是天然屏障，外面风浪再大，到这里都是平静的。从空中俯瞰，欺骗岛就是火山喷发后的产物，约13千米宽的C形火山口在地图上很显眼，也难怪人类最早是从这里开始开拓南极的。

与俄罗斯的极地历史学家金马一起爬坡，他向我介绍说："1820年，欺骗岛被英国人发现的时候，被认为是个普通的岛。他们被假

▼ 海神风箱

▲ 欺骗岛

象欺骗了，并不知道里面有天然的港口。发现港口的是美国人。有了港口，就方便了来往的捕鲸船在这里停靠，于是他们就在这里建了捕鲸工厂。位于活火山口里面的捕鲸者海湾，在 1906 年到 1931 年期间是岛上的捕鲸基地。1912 年，挪威的一家捕鲸公司在那儿建了一个提炼鲸油的工厂。当时，鲸油被广泛地用于制造灯油和肥皂。"

欺骗岛作为捕鲸基地之前，是一个海狮捕猎基地，狂热的海狮捕猎曾一度使得毛皮海狮濒临灭绝。直到 19 世纪末 20 世纪初人们发现了更赚钱的猎鲸产业，毛皮海狮的数量才开始逐渐恢复和增加。

因人类的捕杀，鲸类的数量遭到全球

◀ 我与俄罗斯极地历史学家金马的合影

性的衰减。捕鲸人的死亡率也很高，毕竟捕鲸充满危险，经常有工人和船员葬身在这片冰冷的海洋里。

这里的墓碑越立越多，叫人感觉到世界尽头的悲凉。欺骗岛的火山喷发后，这些墓地全被火山灰深埋。黑白两色的大地上，如今只能看到一座墓碑，它默默地为来到岛上的旅客展示着欺骗岛的过去。

我们登岛的时候，白雪覆盖了曾有的一切。爬上欺骗岛的山顶，仍能见到火山口的壮观和宏伟。火山的底部很平坦，遗留下来的厚厚的黑色火山灰与白色的雪交

▲ 松软的火山灰下处处是陷阱

织成了一幅"水墨画"。由于火山喷发导致山体松垮，再加上雪水融化形成了局部小沼泽和湍急的小河流，所以我们每走一步都必须十分小心。还好探险队员事先勘探好了地形，插上了警示的小红旗，我们只要按标示行走，就不会有危险。

不遵守规定在南极是行不通的，因为违反任何规定，都将付出生命的代价。这里践行一个真理：遵守规定，才有自由；违反规定，自由将被剥夺。

如今，岛上有少量的巴布亚企鹅、帽带企鹅、食蟹海豹、威

我有锋利的牙齿

德尔海豹和豹
形海豹，它们
享受着无人打
扰的宁静。

豹形海豹是处在南极食物链顶端的动物，它们有锋利的牙齿，不仅捕食企鹅，也捕食其他幼小的海豹。与其他海豹相比，它们的头部更修长，这让它们在水中的阻力更小，能够迅速捕食。看着一只只海豹在沙滩上笑眯眯地享受着睡梦中的快乐，我真为它们感到欣慰。虽然，对海豹们来说，这也许不是它们最好的时代，但是在受保护的南极地区，至少人类不会再做出伤害它们的举动。欺骗岛只要没有人类的破坏，就不会有大灾难，对于海豹和企鹅来说，这里就像是伊甸园。

▼ 睡梦中的威德尔海豹

自然思考

欺骗岛上的木牌

1918 年，欺骗岛被英国水兵占领，他们大肆捕捞鲸鱼，炼制鲸油，还竖了块牌子，上面写着：截至 1931 年，英国人在此炼制了 360 万桶鲸油。如今，这块牌子没有了炫耀的价值，反而成为滥杀鲸类的罪证。

▼ 在欺骗岛上的我

24

穿越德雷克海峡，告别南极

▲ 南极洲的彩云

南极洲距离南美洲最近，中间隔着德雷克海峡。当"星辉号"驶向德雷克海峡时，我们就与南极洲越来越远了。

德雷克海峡，是世界上最深的海峡，也是世界上最宽的海峡。它以"杀人的西风带""暴风走廊""魔鬼海峡"的别号闻名于世。所有乘船去南极的人，必须经过德雷克海峡。令人恐惧的南极之痛就在于此，因为大多数人都会晕船，但是探险家、科学家、旅行者仍会迎难而上。

说起这个海峡的命名，还有一个故事。德雷克海峡的发现者是英国航海家弗朗西斯·德雷克（Francis Drake），这个做海盗起家的船长，后来成为伊丽莎白时期的政治家。为了纪念他，这个凶险无比的海峡就被命名为德雷克海峡。讽刺的是，德雷克并没有经过这个海峡。史料让另一个航海家浮出海面，那才是真正第一个发现此海峡的人，他是一位西班牙籍的航海家（名字无法考据），曾亲自驾船驶过此航道，但并没有因此留名青史。历史经常开这种玩笑，尘土之下，埋没了很多本应被记住的名字。

回程经过德雷克海峡，巨大的海浪与船共舞。幸运的是，我仍旧没有晕船。飓风把海水卷到甲板上，为了防止海水进入船舱，"星辉号"各处的舱门都被关上了。为了追逐窗外风浪中的海燕，和它们说再见，我只好在船舱里跑前跑后地忙碌。

穿过德雷克海峡之后，大海恢复了平静。远处出现了巨大的像桌子似的冰山，阳光照耀在上面，就像给它披上了桌布。海面上奇迹般地出现了玫瑰色的霞光，好像在为我们的南极之旅拉上华丽的帷幕。在极地，当太阳高度较低时，最常见的就是平流层的彩色云朵，景象瑰丽壮美，令人叹为观止。

全球变暖已经成为不争的事实，南极的广袤冰川正在逐渐融化。冰桌就是由冰川融化、断裂分离出来的巨大冰体。2011 年 10 月，美国国家航空航天局（NASA）的科学家发现，在南极洲西部的冰

▼ 德雷克海峡的冰桌

▲ 蓝眼鸬鹚

川中有一道裂缝，最终产生了一座冰山，编号为 B-31，面积约为 700 平方千米，接近新加坡的国土面积。2016—2017 年，南极半岛的拉森 C 冰架出现深深的裂缝，一座冰山从冰架上脱落，编号为 A-68，面积约为 5800 平方千米，都要赶上整个上海市的面积了。从我们眼前掠过的冰山越来越多，这对地球来说，是一个不妙的信号。

我打开房门，站在船舷边，深吸一口南太平洋的空气，而后和玫瑰色晚霞下的冰川说再见。

再见，其实不过是一种念想。行走南极，人生如有一次，已是缘分，下一次见，真不知是何年。

午夜时分，我们回到了乌斯怀亚，此刻睡梦中的小城一片宁静。无意睡觉的我等候

着小城黎明的到来。一只只蓝眼鸬鹚飞过海面，它们明亮的橘色肉鼻冠在朦胧的夜色中特别显眼。在南极，在拉可罗港和天堂湾的夜晚巡游时，我都没能看清楚它们，也无法拍摄下来，这次在港口却真真切切地捕捉到了它们的身影。

随着清晨的到来，船上的人们忙碌起来了。已经有一部分探险队员应邀上了另一艘极地探险游轮去工作，全船弥漫着离别的意味。似乎已经没人顾得上去吃早餐了，服务生把简餐端到每一个船舱里，大家匆匆忙忙地各自准备着接下去的行程。

有的去智利旅行，有的去美国远行，有的准备在宁静的小城咖啡馆坐坐，有的要买地球最南端城市的纪念品……停靠在码头的游轮不再晃动，但是每个人内心都荡漾不已。收拾行李，告别南极，大家各奔东西。

我带着行李离开居住了 15 天的"星辉号"。下船的时候，一抬眼，一只幼小的黑背鸥站在缆绳上目送我。

▼ 忙碌的小船载着游客又起程了

　　"有机会再来看你！"我和它打招呼。它定睛看着我，懵懂而天真。

　　如果有下次，再来的时候，这小黑背鸥一定已经成为在世界尽头上空翱翔的勇敢之鸥了吧！

　　随着人流，我也走出码头。短暂的旅程到尾声的时候，总有一种茫然和离愁在心头。不知愁的是什么，也不知别的是什么。在路上，总有很多未知像磁石般吸引着我。那种不管天荒地老的行走，有一种魔力使人放空，空到只有大地、天空、鸟语、兽影。然而，就像歌有尽，花有落，梦有头，宴必散，最终，每个人还是要回到原点。

▼ 呆萌的黑背鸥

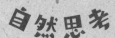

自然思考

凶险的德雷克海峡

　　德雷克海峡因处在太平洋、大西洋的交汇处，位于南半球的高纬度，聚集了两大洋所携带的狂风巨浪，一年365天，风力都在八级以上。因此，即便是万吨巨轮，在这里也会被摇荡得像一片树叶。历史上曾有无数船只在此倾覆，可以说，德雷克海峡是全世界最危险的航道之一。

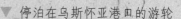

▼ 停泊在乌斯怀亚港口的游轮

后记

　　这些年，我走过地球上的许多地方，见识过各种绮丽壮阔的风景，观察过许多野生动植物，也目睹了人类在发展中给自然带来的破坏。如何让更多的人，特别是青少年了解到地球如今岌岌可危的生态现状？如何唤醒他们对地球未来命运的思考？我在思索这些问题的时候，萌生了要将自己这些年行走中的所见所闻写成一套博物笔记的想法。在这一辑中，我首先挑选了自己在世界各地旅行考察中，到过的最具代表性的四个地方：北极、南极、南美洲的加拉帕戈斯群岛以及非洲。毫无疑问，这些地方都拥有独特的生态、壮丽的风景、奇特的生物；但同时，这些地方也因人类的干扰，在生态环境上发生了许多不可逆转的改变。

　　我去北极时，考察了位于北冰洋上的斯瓦尔巴群岛。这里的自然环境原始而美丽，但同时又非常脆弱。斯瓦尔巴群岛的"旅游指南"上有这样一句话："记住，你只是一名客人，请不要在北极地区乱丢垃圾！"因为季节的关系，不同时间来斯瓦尔巴群岛能观察到的野生动物是不同的，但其中，野生北极熊的生存现状无疑是所有人最关心的焦点。

　　当我深入南极时，印象最深的当属南极洲的奇特感。南极洲的冰山是蓝色的，带着"烟熏妆"的黑眉信天翁会和企鹅吵架，像绅士一样穿着燕尾服的公企鹅也需要负责孵蛋……南极洲的大地静寂到什么声音都没有，如果不是偶尔掠过的棕贼鸥在叫，如果不是一只企鹅摇摇摆摆地从我身边擦腿而过，如果不是因为寒冷冻得我的手生疼，我恍惚以为眼前的一切都是梦境。然而就是在这样纯净的土地上，人类也曾大肆捕杀鲸鱼、海狮等，让这些大自然中的生灵陷入了悲惨的境遇。

我在加拉帕戈斯群岛期间，常常往返于各岛之间，遇到野生动物全凭偶然的机遇和一双慧眼。由于地理位置极其特殊，加拉帕戈斯群岛不仅成为热带海鸟和滨岸水鸟的居住圣地，更孕育了5种岛上特有的哺乳动物。同时，来自南部的秘鲁寒流和来自北部的赤道暖流交汇于此，使得这里的海洋生物异常丰富，喜寒、喜暖的动物一应俱全。

我来到广袤的非洲大草原，见到了猫科动物的代表雄狮和豹子，令人震撼的角马群和犀牛群，有幸得到救助的大象孤儿们，还有数不清的各种漂亮鸟类……它们的命运正慢慢被人类和环境所改写。作为世界第二大洲，非洲大陆既是古人类和古文明的发源地之一，也是野生动物种类极为丰富的一块充满野性的大陆。但如今，频繁的自然灾害、快速的经济发展都在影响着动物们的栖息地，使它们的生存面临着前所未有的危机。

作为一名自然保护者，我希望能用自己的文字、画笔和摄影作品记录下地球不同角落的真实现状，让更多人了解到地球生态的困境和急需解决的问题。接下来，我还将聚焦国内，继续创作，用我手中的笔描绘祖国大好河山中四季的交替与动植物的和谐共生，展现生命的力量、自然的力量。

人与自然是永远不可分割的命运共同体，我们只有学会尊重自然、顺应自然、保护自然，才能实现"人与自然和谐共生"

的美好愿景。万物各得其和以生，各得其养以成。生物多样性是地球生命共同体的血脉和根基。保护生物多样性，就是保护我们共同的地球家园。

最后，诚挚感谢中国科学院院士、中国科普作家协会理事长周忠和先生为我的这套书作序，并给予的赞赏和肯定。同时，诚挚感谢担任这套书审读工作的国家动物博物馆首席顾问孙忻老师，他不仅是我非洲、北极行程中的自然导师，更是国内最早倡导博物旅行的专家之一。我在行程中的记忆和记录难免有误，孙忻老师不辞辛劳，在忙碌的工作之余审校几十万字、上百张照片和图片，确保了本套书的准确性和科学性。感谢我所有行程的领队、《国家地理》摄影师赵超，他不仅让我掉进了自然探索之"坑"，也让我发现了自然教育的魅力。感谢鸟类专家范洪敏、李思琪，以及生物艺术老师可莱，同行期间，不论是白天还是夜晚，他们都会随时解答我的提问。感谢为这套书付出辛苦努力的浙江少年儿童出版社的编辑们，还有装帧设计师土豆。两年来，大家为这套书付出了辛勤的汗水。

记录，是人类才有的能力；它把记忆延长，让回忆变得清晰。生命中的行走还会继续，我期待仍旧与大家同行，记录那些值得留住的瞬间。

148